반도체공학 특론

반도체공학 특론

1쇄 인쇄	2025년 2월 25일
1쇄 발행	2025년 3월 7일
지은이	강찬형
펴낸이	강찬형
펴낸곳	무지개꿈
신고번호	제2023-000025호
신고일자	2023년 2월 7일
주소	서울시 송파구 올림픽로 35길 104, 24동 702호
팩스	0505-055-2328
이메일	chanhkang@naver.com

ⓒ 강찬형 2025

ISBN 979-11-982929-6-4 (93560)

- 이 책은 저작권법에 따라 보호받는 저작물이므로 무단 전재와 무단 복제를 금지하며, 이 책 내용의 전부 또는 일부를 이용하려면 반드시 저작권자와 무지개꿈의 서면 동의를 받아야 합니다.
- 잘못 만들어진 책은 바꾸어 드립니다.
- 책값은 뒤표지에 있습니다.

부품소재공학특론 ❷

반도체공학 특론

강찬형 지음

SEMICONDUCTOR

무지개꿈
Rainbow Dream

Contents

들어가면서   006

제1부
반도체 산업

초기의 반도체	017
진공관	024
Bell Lab	032
Fairchildren	038
실리콘 밸리	044
INTEL	053
SEMATECH	067
일본의 득세와 몰락	072
대한민국의 출현	082
중국의 오판	093

제2부
반도체 기술

n형, p형 반도체	109
물과 전기	119
집적 회로, 무어의 법칙	125
도핑과 임플란트	132
사진 공정, Photolithography	137
식각(Etching) 기술	142
플라스마(Plasma) 기술	146
새 부리와 트렌치	161
배선 기술	165
조립 기술	171
끝내면서	175

들어가며

흔히들 오늘날의 반도체 산업은 1947년 미국의 AT&T Bell Lab에서의 고체 트랜지스터(Solid-State Transistor) 발명으로부터 시작되었다고 보고 있다. 그 후 1950년대의 게르마늄(Ge) 바이폴라(Bipolar) 소자, 실리콘(Si) MOS(Metal-Oxide-Semiconductor) 소자와 집적 회로(Integrated Circuit; IC)의 발명을 거쳐 1970년대 이후의 메모리(Memory) 반도체, 마이크로프로세서(Microprocessor) 소자에 이어 최근의 GPU(Graphic Processor Unit) 카드 개발에 이르기까지 눈부신 발전을 거듭하면서 반도체는 우리의 생활을 가히 혁명적으로 변화시켜 왔다. 혹자는 이 변화를 반도체 혁명(Semiconductor Revolution)이라고 부르기도 하는데, 증기기관의 발명으로 에너지 활용 방법에 큰 변화를 가져와서 인류문명을 한 차원 높인 18세기의 산업혁명(Industrial Revolution)에 견주기도 한다.

기술의 혁신(Technological Innovation)은 큰 강에 비유될 수 있다. 심산에서 발원하는 작은 시냇물은 지류가 모여 큰 강물을 이루고 결국 바다로 흘러 들어간다. 여기서 지류(支流)라고 함은 각종 발명과 과학적, 기술적 진보 등을 의미한다. 그간의 반도체 산업의 눈부신 발전에도 이 비유를 적용할 수 있을 것이다. 고체 트랜지스터 하나의 발명으로 오늘날의 반도체 산업이 이루어진 것이 아님은 주지의 사실이다. 물리, 화학, 전기공학, 기계공학, 재료공학 등 각종 과학과 공학의 진보가 이루어 낸 결정체라고 볼 수 있다. 이러한 지류들이 합쳐서 이루어 놓은 큰 강물의 위력은 엄청난 것이다. 새로운 산업이 태동하였고, 새로운 직업이 창출되었고, 새로운 생산 방식이 도입되었으며, 새로운 조직이 형성되는 등 사회 전반에 큰 변화를 가져왔다. 라디오, 전화기, 전자시계, 텔레비전(TV), 계산기, 컴퓨터(Personal Computer; PC) 등의 기기가 변화를 거듭하고 요즈음은 휴대전화로 음성은 물론, 문자와 영상을 주고받는다. 무선통신의 발달은 우리 일상생활은 물론이고 공장자동화 등 직장생활을 바꿔 놓았고, 국가안보에까지 영향을 미친다. 우리의 생활이 시공간적으로 단축되고, 그 발달의 속도는 더욱 가속되고 있다.

큰 강물의 형성에 지대하게 영향을 주는 요소가 있는데, 이는 지형 조건이다. 산, 평야, 절벽 등 물줄기가 마주치는 지형의 조건에 따라 폭포가 되기도 하고, 멀리 물길이 돌아가기도 하고, 물줄기의 모양이 달라지고, 유속이 변할 수 있으며, 어떤 지류는 본류에 합류하지 못하고 다른 강으로 흘러 들어가기도 한다. 어떤 경우는 물이 바로 바다로 가지 못하고 호수에 흘러들어 거기서 오랜 시간 정체할 수도 있다. 기술 혁신에 있어서 이 같은 지형 조건은 다름이 아닌 까다로운 시장의 요구사항이다.

경영학자 드러커(Peter F. Drucker, 1909~2005)는 일찍이 '기업의 기본 기능은 마케팅과 혁신'이라고 갈파하였다. 따라서 마케팅의 주요 단계의 하나인 신제품 개발은 혁신과 함께 현대 기업의 기본 기능이며 양자 간에 서로 밀접한 관계에 있다고 볼 수 있다. 다시 말해서 신제품은 혁신 없이는 개발할 수 없으며, 기업의 마케팅 대상은 곧 혁신 활동으로 개발된 제품이어야 한다는 뜻과도 같다. 결국 신제품의 개발은 전적으로 혁신의 산물이라고 볼 수 있다. 여기서 혁신을 '기술 혁신'의 좁은 뜻으로만 보려는 시각은 시정되어야 한다. 혁신(Innovation)이라는 말을 처음 사용했다고 알려진 슘페터(Joseph A. Schumpeter, 1883~1950)는 혁신의 내용을 새로운 상품의 도입, 새로운 제조 방법의 도입, 새로운 시장의 개척, 새로운 원재료의 확보, 새로운 조직의 수행 등으로 구분한 바 있다. 따라서 혁신의 내용은 제품(Product) 혁신, 공정(Process) 혁신, 판매(Marketing) 혁신의 세 가지로 집약할 수 있다. 작은 규모의 혁신을 개선 활동이라고도 업계에서 표현하기도 한다.

신제품이 혁신 활동으로 도출되는 것처럼 혁신은 직접적으로는 신제품의 아이디어에 의하여 창출된다고 볼 수 있다. 혁신은 신제품의 개발과 직결된다. 혁신은 아이디어의 산물이라는 뜻에서 혁신과 아이디어는 항상 상호보완적인 신제품 개발의 요인이기도 하다. 따라서 아이디어의 개발이야말로 신제품 개발의 시발점이다. 이 경우 아이디어의 창출은 언제든지 시장 즉 고객의 필요 혹은 욕구와 관련하에서 이루어져야 한다. 이래야만 이른바 히트상품의 탄생이 가능하고 기업의 영속성이 담보된다.

하나의 아이디어가 제조 단계를 거쳐 상품화에 성공하기까지 즉 하나의 혁신으로 완성되기까지에는 그 상품에 대한 시장이 분명히 존재하여야 한다. 가능성 있는 혁신자 혹은 발명가가 자기의 혁신 혹은 발명에 대하여 시장의 잠재력을 따져보는 일련의 과정을 마켓 커플링(market coupling)이라고 부른다. 그 과정이 시장조사 또는 여론조사일 수 있고, 잠재 고객과의 구체적인 타협으로 이루어질 수도 있다. 마켓 커플링의 형태는 시도하고자 하는 혁신의 형태에 따라 다르게 된다. 마켓 커플링의 유형은 크게 마켓 풀(market-pull)과 발명 푸시(invention-push) 두 가지로 분류할 수 있다. 전자(前者)는 혁신자가 시장의 필요를 인지하고 그 필요를 만족시킬 수 있는 제품을 만드는 경우이다. 우리가 어려서부터 들어온 '필요는 발명의 어머니'라는 말이 여기에 해당한다. 새 제품이 발명으로 개발되거나 개량되어도 경제적 효용성의 관점에서 시장의 필요를 만족시키지 못하면 곧 죽을 수밖에 없다. 반대로 후자(後者)는 혁신자가 자기의 혁신이 수요를 창출할 수 있다는 확신으로 제품을 만드는 경우이다. 일견 무모해 보이지만 그 천재성으로 성공하는 경우가 있다.

첫 고체 트랜지스터의 발명은 전자 즉 마켓 풀의 부류에 속한다고 볼 수 있다. 1940년대에 전자 증폭기(electronic amplifier)와 스위치의 거대한 시장이 존재하였고 그 수요를 진공관(vacuum tube)이 충족시키고 있었다. 진공관은 부피가 크고, 파손되기 쉽고, 전력 소모가 많고, 수명이 짧고, 신뢰성이 낮고, 구동 전압이 높다는 여러 가지 단점을 가지고 있었다. 이러한 단점을 해결해 줄 신제품의 등장을 시장은 요구하고 있었다. 고체 트랜지스터가 발명된 후에도 거의 20여 년간 진공관은 맹위를 떨치며 사용되었다. 기술적인 진보가 시장의 요구를 따라주지 못했기 때문이다. 수많은 추가적인 혁신 활동이 있고 나서야 오늘날과 같은 성공이 가능했다. 이 과정에서 일어난 크고 작은 개별 혁신이 마켓 풀이냐, 발명 푸시냐를 두 부모 자르듯 구분하기는 참으로 어렵다.

반도체 혁신의 특이한 점은 19세기 말에서 20세기 초까지 유행했듯이 '발명의 정신'으로 무엇인가를 발명하겠다는 의욕만을 가지고는 성공이 어려웠다는 점이다. 물리, 전기, 재료에 대한 이해와 지식이 있어야 혁신에 참여할 수 있었다. 즉 과학적으로 훈련된 전문가에 의하여 혁신이 주도되었다. 전자현미경으로도 보이지 않는 전자(電子)의 거동에 관련된 현상을 머리로 이해해야 했고, 재료의 순도와 형상을 미세하게 조절할 수 있는 능력을 갖추어야 했다. 광학 기술, 이온 주입 기술, 플라스마 기술 등의 적용으로 반도체 집적 회로 제조 기술은 크게 발전할 수 있었다. 이 기술들은 일반인으로서는 이해가 어렵고 한 가지 기술만을 알아서는 전체를 완성할 수 없다.

혁신을 언급하면서 등장하는 고정메뉴는 각 혁신에는 반드시 중심인물이 있다는 점이다. 초기에는 위대한 발명가 한두 사람이 중심인물이었으나 혁신의 내용이 복잡해지면서 팀플레이가 중요시되고 연구 그룹의 프로젝트 리더가 중심인물이 되어 왔다. 그 사람은 혁신에 참여하고 있는 조직에 활력과 동기화를 부여하며 어떤 난관도 인내심을 갖고 돌파하며 실패의 위험을 부담할 줄 아는 용기 있는 사람이었다. 그런데 이 중심인물이 점점 마케팅 감각이 있는 사람으로 바뀌어 가고 있음을 보게 된다. 기술적인 훈련이 없는 사람도 뛰어난 마케팅 능력으로 성공한 경우가 많다.

이런 마케팅 능력과 반도체 사업에서 성패의 관계를 이 책에서 대표적인 유명 인사의 예를 들어 살펴보고자 한다. 고체 트랜지스터의 발명가로서 1956년 노벨 물리학상을 공동으로 수상한 사람인 쇼클리(William Shockley, 1910~1989)는 실리콘밸리 형성에는 큰 기여를 이룩했지만, 게르마늄(Ge) 원소 반도체의 미래를 과대평가하고 실리콘(Si) 집적 회로(IC)에 대한 인식이 부족해서 부하직원들에게 배척당하고 사업에 성공하지 못했다. 반면 노이스(Robert N. Noyce, 1927~1990)는 실리콘 MOS 소자와 집적 회로의 아이디어가 향후 반도체 기술의 기본 추이가 되리라는 점을 간파하고 1968년 인텔(INTEL) 회사를 설립하고 마이크로프로세서를 개발하여 PC라는 거대한 시장을 창출하였다. 집적 회로에 관하여 독립적인 특허를 인정받은 킬비(Jack Kilby, 1923~2005)는 2000년에 노벨 물리학상을 탔으나, 노이스는 일찍 요절하는 바람에 노벨 물리학상 수상자에 선정되지 못하였다. 노이스의 인텔 창립과 비슷한 시기에 AMD(Advanced Micro Devices)를 창업한 제리 샌더스(W. Jeremiah Sanders III, 1936~)는 반도체 마케팅 능력으로 회사를 일구었고 지금까지도 회사가 건재하고 있다.

혁신의 근본적인 목표는 경제적인 성장이다. 제품 가격의 인하이든 효용가치의 증가이든 경제적인 이득이 있어야 그 혁신은 살아나기 때문이다. 그러나 혁신에 이르기까지는 재정적인 위험이 존재하고 있어서, 그 혁신이 실패하면 자원의 낭비를 초래하고 성장을 지연시킬 수 있다. 결국 경쟁자와의 경쟁에서 패배하여 조직의 붕괴로 이어진 경우도 많이 있었다. 특히 반도체 산업이 성장할수록 새로운 혁신에 드는 비용이 엄청나게 커지면서 어느 조직이나 회사가 반도체 사업을 새로 착수하기 어려운 경향이 나타났다. 아울러 혁신의 성공에 따른 경제적인 이득을 독점하여 그 권리를 배

타적으로 인정받기 위하여 대두된 것이 특허를 비롯한 지적재산권(intellectual property) 문제이다. 주요 반도체 혁신의 언저리에는 반드시 특허 분쟁이 있어 왔다.

본 책에서는 이러한 반도체 산업의 성장 과정을 살펴보고 독자들의 이해를 돕기 위하여 간략하게 반도체 기술에 관하여 소개하고자 한다. 워낙 반도체 산업의 규모가 크고 우리 사회에 미치는 영향이 지대하므로 이를 제대로 전부 설명하기가 어렵다. 독자들의 현명한 선택이 필요하다고 생각된다. 본서의 내용은 필자의 50년에 걸친 경험을 바탕으로 작성되어 필자 고유의 판단에 잘못이 있을 수 있다. 이런 점이 있다면 독자 제현께서 너그러이 양해해 주시길 바라는 바이다.

제1부

반도체 산업

Semiconductor

1
초기의 반도체

반도체라고 부르는 재료에 관한 연구는 1세기 이상의 역사를 가지고 있다. 초기 연구의 대부분은 오늘날의 지식으로 볼 때 상당히 어려운 여건하에서 이루어졌다. 특히 재료의 순도가 오늘날의 기준에 비하여 형편없이 떨어졌기 때문에, 명료한 실험 결과를 얻기가 곤란하였다. 초기에 반도체라고 알려졌던 몇 가지 재료는 지금은 금속이나 이온 전도성 결정 곧 세라믹으로 판명되었고, 지금 반도체로 분류되는 재료가 초기에는 금속으로 인식되기도 하였다. 이러한 불리한 여건에도 불구하고 연구자들의 수완과 노력 덕분으로 반도체 부류의 물질을 분류해 내고 그것의 전기적 및 물리적 성질을 설명하는 이론을 모색해 왔다.

반도체(semiconductor)란 무엇인가? 그것은 전기 통하기가 도체(conductor)와 부도체(insulator)의 중간 정도에 있는 재료를 말한다. 도체에 해당하는 영어 conductor는 오케스트라(orchestra)나 합창단의 지휘자를 의미할 때도 쓴다. 서로 다른 악기나 음성을 잘 조화시켜 좋은 화음을 만들어 내는 것이 지휘자의 본분일 터이다. 지휘자는 악보를 미리 보고 연주할 곡을 해석하여 자기의 의도가 종합적으로 반영되도록 한다. 영어 conductor의 다른 뜻으로 지금은 흔하지 않은 자리이지만 기차의 '차장'이나 '여객전무'를 말한다. 여객전무는 탑승한 손님들의 쾌적한 여행을 위하여 기차표를 검사하고, 음식물을 공급하고, 여객의 요구사항을 파악해 둔다. 세미(semi-)는 절반(half), 혹은 중간을 의미한다. 독일말로 반도체를 Halbleiter라고 한다. 반인반수(半人半獸)를 영어로 half-Demon이나 half-Devil이라고 칭하는 데서도 볼 수 있다. 세미는 데미(demi)와 뜻이 같은 접두어인데 일상생활에서 데미소다(demisoda)라는 음료 이름에서 볼 수 있다. 부도체는 절연체라고도 하는데, 전기가 잘 통하지 않는 재료를 말한다.

재료가 전기를 얼마나 잘 통하는가의 척도는 대표적으로 비저항(resistivity) 값으로 나타낸다. 재료의 저항값은 독일의 과학자 이름을 따서 옴(Ω)으로 나타내지만, 이는 시편의 크기에 의존하므로 재료 고유의 값으로는 비저항 값으로 나타내는데 그 단위는 옴·센티미터($\Omega \cdot cm$)이다. 비저항이 증가하면 전기 전도도

(electrical conductivity)는 역으로 감소한다. 전도도는 비저항의 역수이므로 그 단위는 옴·센티미터 분의 1 즉 $(\Omega \cdot cm)^{-1}$이다. 이 전도도의 단위를 독일의 전기 엔지니어인 지멘스(Werner von Siemens, 1816~1892)의 이름을 따서 S/cm로 나타내기도 한다.

용융점 근처의 온도 범위 이외에서 반도체는 금속인 도체보다 상당히 큰 비저항 값을 갖고 있고, 부도체보다는 아주 적은 비저항 값을 보인다. 고체에 있어서 비저항 값의 분포 범위는 상당히 넓다. 금속 도체의 경우 상온에서 그 비저항 값은 대략 10의 6승분의 1(10^{-6}) 옴·센티미터 이하이다. 반도체는 상온에서 10의 3승분의 1(10^{-3})에서 10의 6승(10^6) 옴·센티미터의 값을 갖는다. 물론 반도체가 아닌 재료인데도 비저항 값이 이 범위에 드는 고체도 많다. 한편 훌륭한 부도체는 그 비저항 값이 대략 10의 12승(10^{12}) 옴·센티미터이다. 10의 6승(10^6) 옴·센티미터의 비저항 값을 갖고 있는 부도체가 있는가 하면 10의 8승(10^8) 옴·센티미터 비저항의 반도체도 있다. 따라서 '반도체는 도체와 부도체의 중간'이라는 표현이나 '도체도 아니고 부도체도 아닌 재료가 반도체'라는 개념은 일부 맞기는 하나 적절한 정의는 아니다.

반도체 재료와 도체인 금속을 구별하는 데에 최초로 사용된 기준은 온도가 증가할수록 비저항이 대략 감소한다는 점이었다. 즉 반도체의 비저항 값은 음(-)의 온도 의존성을 보인다. 금속의 경우는 반대로 온도가 증가할수록 비저항 값이 증가하는 양(+)의 온도 의존성을 보인다. 이 현상을 1883년 처음 보고한 사람이 패러데이(Michael Faraday, 1791~1867)이었고 실험 대상 재료는 AgS였다. 이 기준은 지금의 물리학적 지식으로 볼 때 맞는 이야기이지만 적절하지는 않다. 불순물이 많이 함유된 반도체의 경우 어느 온도 범위에서는 온도의 증가에 따라 비저항이 증가하기도 한다. 물론 그 온도 범위를 넘어서면 그 반도체의 비저항은 급격히 감소하게 된다. 또한 어떤 금속은 박막이나 다결정 형태에서 그 비저항 값이 음(−)의 온도 의존성을 보인다. 이러한 현상은 금속 표면의 산화막이나 결정 계면의 작용에 기인하는 것으로 오늘날 이해되고 있으나 초기에는 이런 실험 결과를 보인 티타늄(Ti)과 지르코늄(Zr)을 반도체로 인식되도록 유도하였다. 이렇게 몇 가지 예외는 있으나 순수한 반도체는 비저항 값이 음의 온도 의존성을 보인다고 이야기해도 오류가 없다.

패러데이의 관찰 이후 40여 년 동안 반도체 부류의 도체들이 광전압 효과(photovoltaic effect)를 보이거나 열기전력(thermoelectric power)이 높다는 발견이 보고되긴 했지만, 반도체 연구에 큰 진전은 없었다. 1870년대에 와서야 큰 진보가 이루어졌다. 일부 재료에 빛을 쪼이면 전기 전도도가 증가하는 광전효과(photoconductivity effect)가 셀레늄(Se)을 대상으로 1873년에 보고되었다. 1874년에는 브라운(Karl F. Braun, 1850~1918)이 방연광(PbS)과 철광석(Fe)의 접점에서 교류 전류의 정류작용이 있음을 발견하였다. 그 뒤에 다른 금속 황화물, 금속산화물, 원소 등에서 이런 효과가 관찰되었다.

재료의 전도(conduction) 현상을 설명하기 위하여 전하(電荷, charge)의 개념을 도입하면 편하다. 전하 운반자(charge carrier)라고 불리는 전기를 짐처럼 지고 다니는 입자를 생각한다. 전자(電子)가 대표적인 음전하 운반자이고 양전하 운반자를 정공(正孔, hole)이라고 부른다. 전자를 잃어버리거나 외부에서 전자를 얻은 원자의 덩어리를 이온(ion)이라고 부르는데 양전하 운반자도 있고 음전하 운반자도 있다. 일상생활에서도 캐리어란 말을 쓰거나 듣고 있다. 여행 갈 때 짐을 쑤셔 넣는 바퀴 달린 여행용 가방을 캐리어라고 하고 항공모함(航空母艦)이 영어로 aircraft carrier이다. 항공모함은 날개 달린 전투기 백여 대와 수만 명의 병력을 싣고 바다 위를 떠다니는 움직이는 비행장으로서 국력이 있어야 운용할 수 있는 선투 무기이다. 이 분야에서 미국이 단연 우위를 보인다. 미 해군은 모든 선박에 함급 분류 기호를 붙이는데, 항공모함에는 CV라는 기호가 사용된다. CV가 Cruiser Voler의 두문자(頭文字)라는 설도 있으나 필자는 Carrier Vehicle의 약자가 적절하다고 생각한다. 예를 들어 CV-67은 항공모함 '존 F. 케네디 호'의 식별 부호이고, CVN-80은 새로 나온 핵 추진 항공모함 '엔터프라이즈호'의 분류 기호이다.

초기의 반도체 물성 연구에서 가장 중요한 사건이 1879년 미국의 물리학자 홀(Edwin H. Hall, 1855~1938)에 의한 홀 효과(Hall effect)의 발견이다. 이는 자기장 하에서 전하를 운반하는 도체에 수직으로 전압이 유도된다는 현상인데, 전자의 존재가 밝혀지지 않은 당시에 반도체의 성질을 이해하는 데 중요한 열쇠가 되었다. 홀 효과 실험을 통하여 단위 체적 당의 전하 운반체의 개수를 계산할 수 있고 반도체를 금속 도체와 구별할 수 있다. 아울러 홀 전압의 분석으로 전기전도가 이온에 의한 것인지 다른 전하 운반체에 의한 것인지를 구별할 수 있게 되어 산화물과 같은 이온성 결정 화합물이 반도체의 분류에서 제외되었다. 이온에 의한 전도의 경우 홀 효과는 아주 미미하다.

재료에서 전자에 의한 전도도는 두 가지 요인에 의존한다. 즉 단위 체적 당 전하 운반체의 숫자와 전하 이동도(carrier mobility)이다. 여기서 전하 이동도란 재료 내에서 전하가 움직이는 용이도(容易度)라고 볼 수 있다. 반도체나 금속이나 고체에서 전하 이동도는 온도가 올라갈수록 감소한다. 온도가 올라가면 원자들의 운동이 왕성해져서 전하가 원자들 사이를 헤치고 지나가기가 어려워지기 때문이다. 금속으로 홀 효과를 측정하면 단위 체적 당 전하의 숫자가 온도 변화와 무관하게 일정하다. 이로써 금속에서는 온도 증가에 따라 전하 이동도 즉 전도도가 감소한다. 반도체에 있어서는 온도의 증가에 따라 단위 체적 당 전하의 숫자가 급격히 증가하고 전도도도 증가한다. 이로써 금속과 순수한 반도체와의 구별이 가능해진다.

여기서 '순수한'이라는 말을 쓴 이유는 반도체에 불순물이 많아지면 그 차이점이 가려지기 때문이다.

홀 효과를 이용한 반도체의 체계적인 연구는 1907년경에 이르러서이다. 이런 연구의 결과 반도체의 전하 운반체의 숫자는 금속의 그것보다 아주 작고 전하 이동도는 조금 높다는 점이 밝혀졌다. 실리콘(Si), 셀레늄(Se), 텔레륨(Te) 등의 원소가 반도체로 분류되었다. 게르마늄(Ge)은 이보다 훨씬 뒤인 1925년에 반도체임이 밝혀졌다.

2
진공관

영국의 맥스웰(James C. Maxwell, 1831~1879)이 빛과 동일(同一)한 성질을 갖는 전자기파의 존재를 주장한 후 독일의 헤르츠(Heinrich Hertz, 1857~1894)는 1887년 유도코일의 끝에 연결된 금속으로 된 공에 스파크를 튀게 하면, 20여 m 떨어져 있는, 간극(間隙)이 있는 고리 모양의 철사를 사용한 검출기에서 스파크가 생기는 것을 발견하였다. 헤르츠는 이 실험을 통해 전자기파가 빛과 같이 회절이나 편향을 나타내고 빛의 속도로 직진한다고 입증하였다. 이른바 저항(R), 인덕터(L), 축전기(C)로 구성되는 RLC 회로를 구성한 것으로 헤르츠가 사용한 유도코일이 발진기이고, 검출기가 요즘의 공진기라고 후세 연구자들은 설명하고 있다. 이를 기념하여 전자기파의 주파수에 그의 이름을 붙이고 있다. 1초 동안에 전자기파가 진동하는 횟수를 주파수라고 하며 그 기본 단위가 헤르츠(Hz)라고 말한다. 예를 들어 우리나라의 KBS FM 라디오 전파의 주파수는 97.3 메가헤르츠(MHz)이다.

빛을 가시광선이라고 한자어로 얘기한다. 가시광선은 전자기파의 일종이다. 역사적으로 전자기파에 감마선, 엑스선, 자외선, 가시광선, 적외선, 마이크로파, 라디오파 등 다양한 이름을 붙여왔으나 주파수의 크기로 열거하면 모두 전자기파라는 사실을 알게 되었다. 무지개가 가시광선의 주파수에 따르는 스펙트럼이라면, 이들 다양한 전자기파를 '맥스웰의 무지개'라고 부를 수 있다. 이런 다양한 전자기파에 관한 이야기는 필자의 저서 중에서 생활과학 에세이 시리즈 제2권인 '맥스웰의 무지개'에서 다루고 있다.

1894년 20세의 이탈리아의 마르코니(Guglielmo Marconi, 1974~1937)는 헤르츠의 실험에 관한 글을 잡지에서 읽고 유선전화기처럼 전선이 없어도 통신(通信)을 할 수 있으리라고 생각했다. 이른바 무선통신의 맹아가 싹트기 시작하였다. 초기 무선통신에서 제일 중요한 과제는 송신 측에서 보내온 반송파에 변조되어 들어있는 신호를 수신기에서 검출해 내는 동조(tuning) 기술이었다. 마르코니는 코히러(coherer)라는 검파기를 사용하여 벨을 울리는 방법을 사용하였다. 그러나 코히러가 한번 작동된 후에는 작은 망치로 두드려 주어야 다음 신호를 받을 수 있었다. 불편하기 그지없고 일상적인 운용에 부적당하였다.

전파 검출의 기본적인 성질인 정류 기능을 갖는 최초의 정류기는 '고양이 수염(cat's whisker)'이라는 장치였다. 1874년 브라운(Karl F. Braun, 1850~1918)이 방연광(Galena, PbS)과 철광석(Fe)의 접점이 교류 전기를 한 방향으로만 흐르게 하는 성질이 있음을 발견하고 그 뒤에 이를 이용하여 동조회로를 발명하였다. 방연광 한 조각과 절연 손잡이와 가늘고 탄력 있는 철사로 구성된 '고양이 수염'이 한동안 무선 신호의 검출기로서 번성하였다. 이 장치는 작고, 싸고, 단순하다는 장점이 있었지만, 대규모로 규격을 만들어 제조하기가 어렵고 사용자의 감각과 손재주에 성능이 달려 있다는 단점이 있다.

'고양이 수염'의 불편을 해소하고 검출기의 성능을 향상한 장치가 진공관(vacuum tube)이었다. 진공관의 발명에 이르게 한 선행기술은 백열전구의 연구 결과이다. 유명한 발명가 에디슨(Thomas A. Edison, 1847~1931)은 탄소 필라멘트 전구가 빛을 어느 정도 내면 전구 안쪽의 유리 벽이 검게 변하는 현상을 연구하던 중 새로운 전선을 필라멘트에 닿지 않도록 전구 안에 넣고 이 전선을 전지의 양(+)극에 연결하였더니 전류가 흐르나 음(−)극에 대었을 때는 전류가 전혀 흐르지 않는 것을 발견하였다. 다음에 전선 대신에 금속판을 전구 안에 넣고, 금속판을 양극에 연결하였을 때 전류가 더욱 커졌다. 필라멘트에 흐르는 직류 전기의 전압을 증가시켜 필라멘트의 밝기를 변화시켰더니 금속판에 흐르는 전류의 세기도 증가하였다. 에디슨은 이 발견을 이용하여 전압측정기를 만들어 1883년 특허를 얻었다. 이 발견이야말로 후에 진공관의 기본원리가 되었다. 에디슨은 이 현상에는 크게 흥미를 느끼지 않고 다른 문제로 자기의 관심을 돌렸다. 에디슨이 교류 전기에 대해 조금만 더 개방적인 생각을 가졌더라면 아마 그는 진공관의 발명에도 이르렀을 것이다. 에디슨의 직류와 교류 논쟁에 대해서는 필자의 저서 생활과학 에세이 시리즈 제3권인 '해따라기'에서 다루었다.

1884년 영국 우정국(Post Office)의 프리스(William H. Preece, 1834~1913)는 미국 필라델피아에서 개최된 국제전기박람회에 참석하여 에디슨의 전구를 구경하고 에디슨으로부터 금속판이 들어있는 전구를 하나 얻어 영국으로 돌아왔다. 프리스는 이 전구를 이용하여 뜨거운 필라멘트에서 음전하를 지닌 입자가 방출하는 현상을 발견하였다. 플레밍(John A. Fleming, 1849~1945)은 음이온이 방출되는 현상을 확인하면서 매우 중요한 사실을 한 가지 더 발견하였다. 즉 필라멘트에 교류 전압을 가했을 때도 금속판으로 전류가 흐르는데 이때 흐르는 전류는 더 이상 교류가 아니라 직류라는 사실이었다. 1896년 플레밍은 이 발견을 공개적으로 발표하였지만, 에디슨과 마찬가지로 그는 자기 발견의 응용 가능성을 초기에는 인식하지 못한 듯했다. 2극 진공관의 발명 시점이 1900년 또는 1904년이라는 기록이 있고, 2극 진공관의 발명이 플레밍에 의해 최초로 이루어진 것은 분명하지만, 그의 공식 특허 취득 연도는 1907년이었다.

플레밍의 2극 진공관은 라디오 신호를 검출하고 변환할 수 있는 정류작용은 가지고 있어도 신호를 증폭할 수 없어서 무선통신기기의 효율을 상당히 제한할 수밖에 없었다. 2극 진공관의 두 전극 사이에 제3의 전극 그리드(grid)를 설치하고 그리드와 신호 소스와의 전압을 조절함으로써 두 전극 사이의 전류를 증폭할 수 있는 원리를 발견한 사람이 미국의 드 포레스트(Lee de Forest, 1873~1961)였다. 그는 3극 진공관 구조의 장치를 '오디언(Audion)'이라는 이름으로 1906년 특허를 얻었고 뉴욕에서 회사를 차렸다. 그러나 그는 사업가로서 실패하고 1911년에 파산하였다.

그 뒤에 드 포레스트는 캘리포니아 팔로알토(Palo Alto)에 있는 페더럴 텔레그라프(Federal Telegraph) 회사에 취직하였다. 여기서 그는 몇 개의 3극 진공관을 써서 축음기가 증폭 기능을 갖도록 하였다. 비슷한 시기인 1911년에 암스트롱(Edwin H. Armstrong, 1890~1954)이 드 포레스트의 3극 진공관에 증폭 기능을 가진 회로를 만들어 특허를 신청하였다. 드 포레스트의 진공관 특허에는 증폭기 회로를 포함하고 있지 않았기 때문에, 발명의 우선권 문제로 둘 사이에 법적 싸움이 있었다. 각각의 특허를 산 AT&T(American Telephone and Telegraph)와 웨스팅하우스(Westinghouse) 회사 간의 싸움이었는데 19년 뒤에 법정은 드 포레스트의 손을 들어 주었다. 진공관 발명의 우선권에 대한 법적 싸움이 플레밍과 드 포레스트 간에도 있었다. 플레밍은 3극 진공관이 자신의 2극 진공관의 연장이라며 진공관 특허에 대한 자신의 독창성을 주장하였으나 법정에서는 40년에 걸친 심리 끝에 3극 진공관의 증폭 기능을 인정하고 실제 특허 신청이 드 포레스트가 앞섰다고 드 포레스트를 진공관의 발명자로 최종 판정하였다.

진공관의 증폭 실험에 성공한 직후 드 포레스트는 자금 부족에 시달리던 차에 자신의 특허를 AT&T 회사에 팔았다. AT&T는 진공관 기술을 이용하여 유선전화의 수신 거리를 확장 시킬 수 있는 중계기(repeater)를 개발하여 미국의 동부와 서부를 연결하는 장거리 전화 서비스를 개통하였다. 진공관의 발명으로 기존의 전력이나 전기 조명을 다루는 전기 산업으로부터 통신 위주의 새로운 전자 산업이 생겨났다. 둘 다 전기를 사용하기는 같으나, 후자의 경우 일본을 중심으로 전자(electronics)라는 용어를 선호하고 있다. 두 차례에 걸친 세계대전의 발발로 전자 산업이 발전하였다. 잠수함을 추적하기 위한 소나(Sonar), 레이다(Radar), 항공 촬영법, 라디오 무선 통신, 암호해석 및 탄도 계산을 위한 전자계산기 등 여러 가지 전자 기기가 개발되었다.

제1차 세계대전이 끝난 후 미국 기업 간에 전기 통신 시장의 지배를 둘러싼 쟁탈전이 벌어졌다. 전력 공급 체계를 둘러싼 19세기 말의 GE(General Electric)와 웨스팅하우스(Westinghouse) 회사 간의 싸움과 마찬가지로 라디오에 관한 기술(특허)의 소유권과 관련하여 법적 싸움이 있었다. 이 싸움은 1920년에 관련 회사 간의 특허 공유(pool) 협정 체결과 업체 간의 사업영역 조정으로 끝났다. AT&T와 웨스턴 일렉트릭(Western Electric)은 전화 사업을 영위하고 GE, RCA(Radio Corporation of America), 웨스팅하우스(Westinghouse)는 라디오 사업을 하는 것으로 조정되었다. 전화 사업자 그룹의 회사는 라디오 사업자 그룹의 모든 전화 관련 특허를 사용하고 그 반대의 경우도 허락하는 방식으로 해결하였다. 그럼에도 업체 간에 사업영역과 기술의 범위에 관한 논쟁이 끊이지 않자 1934년 FCC(Federal Communication Commission)를 발족하여 연방 정부 차원에서 통신 사업에 대한 조정과 통제를 시작하고 오늘날까지 막강한 영향력을 발휘하고 있다.

1920년대부터 진공관은 무선 신호 검출기로서 '고양이 수염'을 대체하고 진공관의 정류, 증폭, 스위칭 작용이 각종 전자기기에 채용되면서 전자 산업의 총아로서 50여 년 동안 군림하였다. 한편 제2차 세계대전 중에 고주파의 전자기파를 이용하여 비행기를 추적하는 레이다(Radar)를 연구하는 과정에서 폐기되었던 '고양이 수염'이 다시 등장하게 되었다. 고주파 신호를 검출하기 위해서는 아주 낮은 전기용량을 가져야 하는데 진공관으로는 필요한 용량을 얻을 수 없었기 때문이다. 옛날에 쓰였던 방연광(PbS) 대신에 실리콘(Si) 조각과 가느다란 텅스텐(W) 선이 사용되었다.

반도체의 재등장은 기술 발달사에서 중요한 의미가 있다. 새로 나온 '고양이 수염'의 성능 향상을 위해 반도체와 금속 간의 접점에 관한 연구와 반도체 재료의 정제에 관한 연구가 이루어졌다. 무엇보다도 1920년대부터 고체 물리(Solid State Physics)에 관한 연구의 결과가 반도체의 전기적 성질을 이해하는 데 획기적으로 도움이 되었다. 아울러 진공관을 이용한 전자회로 이론의 발달은 전쟁 뒤에 반도체 소자가 발명되고 성장하는 데 크게 이바지하였다. 진공관 시대에 쓰이던 용어들이 그대로 반도체 시대에도 쓰이고, 반도체 소자의 동작 원리도 진공관의 원리에 유추하여 이해하고 설명하였다. 진공관을 vacuum tube 혹은 vacuum valve라고 불렀는데 여기서 밸브(valve)라는 말은 수도꼭지처럼 진공관이 전기의 흐름인 전류를 흐르게 또는 안 흐르게 조절한다는 사실을 표현한 것이다. 이 개념은 나중에 MOS(metal-oxide-semiconductor) 소자 이론에서 source, drain, channel, gate 등 물이 흐르는 수로와 수문을 연상하게 하는 용어로 발전되었다. 또 진공관 기술에서 쓰이던 emitter, collector, base라는 용어가 반도체 바이폴라(bipolar) 소자 기술에서 사용되고 작동 이론도 그대로 모사되었다.

3
Bell Lab

지금의 반도체 소자는 1947년 미국의 벨 전화 연구소(Bell Laboratories)에서 게르마늄 점 접합 트랜지스터(point-contact transistor)를 세 사람의 과학자 바딘(John Bardeen, 1908~1991), 쇼클리(William B. Shockley, 1910~1989), 브래튼(Walter H. Brattain, 1902~1987)이 발명함으로써 시작되었다고 보고 있다. 트랜지스터는 transfer와 resistor의 합성어이다. 이들은 이 발명의 공로로 1956년 노벨 물리학상을 공동으로 수상하였다. 벨 전화 연구소는 1925년 AT&T(American Telephone and Telegraph) 회사에서 설립하였는데 원래는 AT&T의 제조 담당 방계회사인 웨스턴 일렉트릭(Western Electric)의 연구 부문이었다. 벨 전화 연구소는 전화교환기에 필요한 기술에서부터 전화선 피복, 트랜지스터에 이르는 각종 제품을 개발해 냈다.

AT&T 주식회사는 미국의 다국적 복합 지주회사로 세계 최대 통신 기업이다. 오늘날 미국의 최대 유선전화 서비스와 제2위의 이동전화 서비스 제공자이다. 전화기의 발명자인 벨(Alexander Graham Bell, 1847~1922)에 의해 1885년 뉴욕에서 세워진 미국 전화 및 전신 회사(AT&T Corporation)를 전신으로 한다. 20세기 초엽 미국 정부와 협상의 결과 전화 사업의 독점권을 확보하였다. 미국 정부는 이러한 독점적 상태를 용인할 수 없다는 취지로 1970년대 초 반독점 소송의 결과로 회사의 해체를 명령하여 8개의 지역 벨 전화회사와 연구 개발 부문 회사로 분리되고, AT&T는 장거리 전화 서비스만 담당하는 회사가 되었다. 이때 미국 뉴저지주 머레이 힐에 있는 벨 전화 연구소는 이름이 벨 연구소(Bell Laboratories)로 바뀌고, 녹립법인이 되었다. 1996년에는 알카텔-루슨트에 매각되었다. 그러다 2016년에 노키아가 알카텔-루슨트를 인수하여 현재는 핀란드의 다국적 통신회사인 노키아의 자회사가 되고 이름도 노키아 벨 연구소(Nokia Bell Labs)로 바뀌었다. 벨 연구소는 창의적인 연구를 위한 순수 연구소이다. 통신에 필요한 재료, 하드웨어, 공정뿐만 아니라 유닉스, C, 모뎀 명령어 등 컴퓨터 소프트웨어, 천문학 분야의 기술도 개발하였다.

쇼클리는 영국 런던에서 태어났으나, 부모는 미국인이었고 미국 캘리포니아주에서 자랐다. 1932년 칼테크(California Institute of Technology; CALTECH)에서 학사학위를 받고, 1936년 MIT(Massachusetts Institute of Technology)에서 물리학 박사학위를 받았다. 박사 과정의 지도교수는 고체물리학 분야에서 유명한 교수인 슬레이터(John C. Slater, 1900~1976)였고, 박사학위 논문의 제목은 '염화나트륨 결정에서 전자 파동함수의 계산(Calculation of Electron Wave Functions in Sodium Chloride Crystals)'이었다. 쇼클리는 박사학위를 받은 후 바로 벨 전화 연구소에 합류하여 전자 회절로 노벨 물리학상을 받은 데이비슨(Clinton J. Davisson) 밑으로 가서 진공관 개발 그룹에 들어갔다. 그리고 1940년대에 바딘과 브래튼이 속해 있는 쇼클리 그룹은 진공관을 대체할 소자를 개발하기 위한 연구를 진행하는데, 앰프에 사용되는 부품인 진공관이 쉽게 깨지는 문제가 있었기 때문이다. 쇼클리는 바딘과 브래튼을 각자 연구하도록 내버려 두고 혼자 연구를 진행하며, 가끔 그들의 연구를 지도하러 들렀다고 한다.

바딘은 미국 위스콘신주 매디슨(Madison)에서 태어났다. 바딘은 일찍부터 수학에 재능을 보였다고 한다. 1928년에 위스콘신 대학교에서 전기공학으로 학사학위를 받은 후 1929년 석사학위를 수여받았다. 그리고 그는 석유 기업 걸프에 입사하여 연구원으로 근무한 후에 프린스턴 대학교(Princeton University) 박사 과정에 지원하여 수학과 물리학을 연구하고 1936년에 박사학위를 받았다. 1938년부터 미네소타 대학교 조교수가 되었다. 1941~45년에는 워싱턴의 해군 병기연구소(Naval Research Lab)의 물리학자로 임관되고, 1945년에 벨 전화 연구소에 들어가 1947년 쇼클리 등과 트랜지스터를 개발해 냈다. 1951년 쇼클리와의 관계 악화로 벨 전화 연구소를 그만두고 일리노이 대학교 어바나-샴페인 캠퍼스(University of Illinois at Urbana-Champaign)의 물리학과 교수가 되었다. 이후 반도체와 금속에서의 전기전도, 반도체의 표면 현상 등을 연구했으며, 1957년에는 초전도 이론을 발표했다. 바딘은 1957년 쿠퍼(Leon N. Cooper, 1930~), 시리퍼(John R. Schrieffer, 1931~2019)와 함께 초전도 표준이론을 발표한 업적으로 1972년 두 번째로 노벨 물리학상을 받았다. 그는 노벨상을 2번 수상한 4명의 수상자 가운데 한 사람이다.

한편 세 사람 중에 가장 연장자인 브래튼은 1902년 중국에서 태어났으며, 영아 시절에 미국으로 돌아와서 서북부의 주에서 성장하였다. 1924년 워싱턴 주에 있는 위트먼 대학(Whitman College)에서 물리학과 수학으로 학사학위를 받고, 1926년 오리건 대학교(University of Oregon)에서 석사학위(Master of Arts)를 받고, 미네소타 대학교(University of Minnesota)에서 재료공학을 연구하고 1929년 박사학위를 받은 후 벨 전화 연구소에 들어가 반도체 연구에 종사하였다. 고체 표면의 성질을 연구하고, 텅스텐의 열이온 방출로부터 반도체 표면의 정류 성질과 광전효과 연구에 몰두하였다.

1947년 12월에 바딘과 브래튼이 점 접합 트랜지스터를 만들어 냈다. 쇼클리는 팀의 연구가 전기장 효과(field effect)를 이용하자는 자기 아이디어에 기반한 것이었기에 자신이 특허를 가져야 한다고 생각했다. 그는 특허를 자신의 이름만 써서 출원하려 했으며 이런 생각을 바딘과 브래튼에게 말했다. 동시에 그는 몰래 다른 형태의 트랜지스터인 접합 트랜지스터(junction transistor)를 만들기 위해 노력하였다. 그는 접합 트랜지스터가 더 상업성이 있다고 생각했다. 벨 전화 연구소의 특허 담당 변호사는 쇼클리의 전기장 효과 원리가 1930년에 이미 릴리언펠드(Julius E. Lilienfeld, 1882~1963)에 의해 특허 출원 중이라는 사실을 알아내고, 특허가 거부될 위험성을 감수하지 않는다는 뜻으로, 새롭게 출원하려는 특허를 바딘-브래튼 디자인에만 한정적으로 적용하였다. 따라서 쇼클리의 이름은 그 발명의 특허에서 빠져 있다.

그동안 쇼클리는 전자의 유동(drift), 확산(diffusion)에 대한 획기적인 아이디어를 생각해 내고, 고체의 결정에서 전자 흐름을 결정하는 미분 방정식을 세우는 작업을 하였다. 그는 또한 소수 캐리어 주입(minority carrier injection)의 가능성을 생각해 내었다. 이 생각은 몇 주 후에 샌드위치 트랜지스터 개념으로 발전되었다. 이를 1951년 쇼클리는 바이폴라 접합 트랜지스터(Bipolar Junction

Transistor; BJT)로 명하고, 이 발명에 대한 특허권을 갖게 되었다. 새 트랜지스터의 발명으로 쇼클리는 여론의 큰 관심을 얻게 되었다. 쇼클리의 연설과 강연은 대중적으로 인기가 있었다. 바딘과 브래튼에게 공을 돌리는 것을 잊지 않았지만, 대중매체들은 그들의 공을 축소하기 일쑤였다. 이러한 상황은 바딘과 브래튼을 더욱 소외시켰고, 쇼클리는 두 사람을 접합 트랜지스터 연구에 참여하지 못하도록 하였다. 바딘은 결국 사직하였고, 브래튼은 쇼클리와 함께 일하기를 거부하였다. 그의 다소 괴팍한 지도 스타일은 벨 전화 연구소에서 경영진으로 승진하는 데 도움이 되지 못했고, 그는 연구자, 이론가로서만 평가받았다. 쇼클리는 당연히 받아야 한다고 생각한 권력과 이득을 원했으며, 그는 벨 전화 연구소를 1953년 그만두고 캘리포니아 고향으로 돌아갔다.

4
Fairchildren

미국 서부인 캘리포니아 고향으로 돌아온 쇼클리((William B. Shockley, 1910~1989)는 자신이 학사학위를 받은 캘리포니아 공과대학교(California Institute of Technology: CALECH)의 유명한 화학과 교수인 베크만(Arnold O. Beckman, 1900~2004)의 Beckman Instruments에 1955년에 들어갔고, 거기서 Beckman의 투자로 쇼클리 반도체 연구소(Shockley Semiconductor Laboratory)를 설립하고 마침내 전자 회사에서 독립적인 연구 그룹을 이끌게 되었다. 새 회사가 캘리포니아주 마운틴뷰(Mountain View)에 자리 잡게 된 것은 그 연세에 스탠퍼드 대학교를 졸업한 쇼클리의 나이 들고 자주 아픈 모친이 팔로알토(Palo Alto)에 살고 있어서 그 근처에 있고 싶은 쇼클리의 개인적인 희망 때문이라고 한다. 이런 인연으로 실리콘 밸리(Silicon Valley)가 형성되었다. 그리고 쇼클리 본인도 스탠퍼드 대학교 전자공학과 교수가 되었다. 결국 쇼클리는 '실리콘 밸리에 실리콘을 가져온 사람'이 되었다. 과수원과 채소밭이었던 일대를 공장 지역으로 용도 변경한 정책당국자들과 자금을 조달한 벤처 자본가(Venture Capitalist)의 노력 덕분에 이 일대가 새로운 산업의 요람이 되었다. 이 지역에 군용 비행장인 모페트 기지(Moffett Field)가 있는데, 나중에 이 안에 미국 항공우주국(NASA)에서 에임즈 연구 센터(Ames Research Center)를 설립하고 일반인을 상대로 홍보 활동도 펼치고 있다. 실리콘 밸리 형성 초기에 군 관련 개발 자금의 유입은 이 지역 성장의 견인차가 되었다.

쇼클리는 자신의 명성과 Beckman의 자금을 이용해서 벨 전화 연구소에서 일하는 옛 동료들을 자신의 연구소로 데려오려 했으나, 그의 좋지 않은 평판 때문에 아무도 쇼클리의 새 연구소로 옮기려고 하지 않았다. 그래서 쇼클리는 대신 '자기식'으로 일할 회사를 처음부터 만들기 위해 여러 대학교를 돌며 실력 있는 박사학위(PhD) 졸업생을 모집하러 다녔다. 처음에는 네 명의 박사학위를 갖고 있는 물리학자를 모집하는 데에 성공하였다. 쇼클리의 '자기식'은 어찌 보면, '독재적 지배와 심해지는 편집증'의 발로라고 할 수 있다. 이에 관련하여 유명한 일화가 있다. 한번은 쇼클리의 비서가 엄지손가락을 다쳤는데, 쇼클리는 이것이 자기를 독살하려는 시도였다고 주장하고는, 거짓말 탐지기를 이용해서 범인을 찾도록 요구했다. 나중에 이 사건의 원인은 부러진 압핀이라고 밝혀졌고, 이 소동으로 종업원들이 쇼클리 대표에게 냉담해졌다. 그동안 쇼클리 대표는 연구원들을 개별적으로 관리하고 회사 기밀이라는 미명(美名)으로 같은 연구 그룹 내에서의 의견 교환도 엄격히 통제해 왔다. 이후 그가 요구한 소자 즉 오늘날 쇼클리 다이오드라고 알려진 소자를 개발하여 판매하는 프로젝트는 매우 느리게 진행되었다. 쇼클리 소자는 실리콘으로 제조된 4층 다이오드(4-layer diode)로 그 당시에는 새롭고, 기술적으로 구현하기 어려운 소자였다.

1957년 말, 쇼클리 반도체 회사에 있던 연구원 8명이 회사를 그만두고, 페어차일드(Fairchild Camera and Instrument) 회사로 옮겨가서 반도체 사업부를 만들었고, 쇼클리는 이들은 배신자들이라고 비난했다. 이들 8명의 배신자(traitorous eight)는 블랭크, 그리니치, 회르니, 클라이너, 라스트, 무어, 노이스, 로버츠 등이었다. 이들의 나이는 당시 26세에서 33세로서 그야말로 열혈 청년들이었다. 당시 이들의 학력과 경력을 다음 표에 정리하였다. 이 중 6명이 박사(PhD)였다. 이 중에서 회르니가 경험 있는 과학자였고 유능한 관리자였다. 노이스만이 반도체(semiconductor) 연구에, 그리니치만이 전자공학(electronics)에 경험이 있었다.

표. 쇼클리에게 반기를 든 '8인의 배신자'

이름	학력	경력
블랭크 (Julius Blank, 1925~2011)	학사(BA), City College of New York (1950).	기계공학 엔지니어, Babcock & Wilcox(1950~1952). 디자이너, Western Electric(1952~1956).
그리니치 (Victor Grinich, 1924~2000)	전자공학 박사(PhD), Stanford University (1953).	엔지니어, Stanford Research Institute(SRI) (1953~1956), 컴퓨터와 TV 회로 설계.
회르니 (Jean Hoerni, 1924~1997)	공학박사(PhD), University of Geneva (1950), Cambridge University (1952).	연구원, CALTECH 화학과 (1952~1956). Nature와 Physical Review 등 학술잡지에 결정학과 고체 물리 관련 논문 발표.
클라이너 (Eugene Kleiner, 1923~2003)	기계공학 석사(MA), New York University (1950).	해군에서 포(砲)와 산업계에서 기계 설계 경험. 블랭크와 같이 Western Electric 근무, 거기서 야간 강좌도 개최함.
라스트 (Jay T. Last, 1929~2021)	물리학 박사(PhD), MIT (1956).	경력 없음
무어 (Gordon Moore, 1929~2023)	물리화학 박사(PhD), CALTECH (1954)	Johns Hopkins 대학교에서 탄도 로켓의 가스 스펙트럼 연구
노이스 (Robert Noyce, 1927~1990)	물리학 박사(PhD), MIT (1953).	연구원, Philco(1953-1956), 게르마늄(Ge) 트랜지스터 연구
로버츠 (Sheldon Roberts, 1927~2014)	금속공학 박사(PhD), MIT (1952).	Naval Research Laboratory와 Dow Chemical에서 근무 (1952~1956).

이들 '배신자 8인'은 1957년 8월에 사주인 페어차일드(Sherman M. Fairchild, 1896~1971)와 계약을 맺고 1957년 9월에 Fairchild Semiconductor 회사를 설립하였다. 새로 설립한 회사는 곧 반도체 산업의 선도자로 성장하였고 1960년대에 실리콘 밸리의 인큐베이터 역할을 하였다. '배신자 8인' 중에는 나중에 Fairchild를 떠나 인텔(INTEL)을 차린 노이스와 무어도 있었다. INTEL뿐만 아니라, 내셔널 세미컨덕터(National Semiconductor), 어드반스트 마이크로 디바이시스(Advanced Micro Devices; AMD)도 Fairchild에서 갈라져 나온 회사이고, 이런 움직임이 바로 실리콘 밸리의 탄생으로 이어졌다. 이들 갈라져 나온(spin-off) 십여 개의 회사들을 후세에 'Fairchildren'이라고 부르기도 한다. 한편 Shockley Semiconductor Laboratory는 쇼클리를 부자로 만들어 주지 않았고, 이익을 내지도 못했다. 그는 과학적 업적 이외에 평소에 우생학적 믿음과 언사(言辭)로 사회에 많은 논쟁을 불러일으켰다.

회사 대표인 쇼클리에 대해 젊은 종업원들이 반기를 들고 다른 회사로 간 사건은 당시에는 일대 획기적인 뉴스가 되었다. 회사 대표의 부당한 억압에 대해서 항의의 표시로 적당한 조치라는 지적이 있었고 새로운 산업에서나 가능한 도덕적인 기준이니까 우리가 이해해야 한다는 이야기가 나왔다. 그 이후 업계에서 진행된 현황 즉 실리콘 밸리가 형성되고 새로운 기술과 제품이 우리 사회를 혁신했다는 사실을 생각하면 긍정적인 흐름이라고 봐야 한다. 이 사건 이후 직장 선택에 대한 개인의 자유가 있고, 개인이 직장을 바꾸더라도 그 사회에 계속 존재한다면 큰 문제가 없다는 인식이 생기기 시작하였다.

5
실리콘 밸리

　미국의 서북부 샌프란시스코(San Francisco) 지역의 지도를 검색해 보면 특이한 지형이 눈에 들어온다. 태평양의 파도를 막아 주는 샌프란시스코 반도(San Francisco Peninsular)의 북부 언덕 주변에 샌프란시스코시(San Francisco City)가 형성되어 있고, 그 오른쪽과 아래쪽에 커다란 샌프란시스코만(San Francisco Bay)이 존재한다. 1849년 이 일대에 골드러시가 일어나며 도시가 크게 발전하기 시작하였는데, 현재는 로스앤젤레스(Los Angeles), 샌디에이고(San Diego), 산호세(San Jose)에 이어 캘리포니아주에서 네 번째로 인구가 많은 도시이고, 미국 전체에서도 15위 이내에 든다. 샌프란시스코는 여러 별명이 있는데, 그중에서 '씨티 바이 더 베이(City by the Bay)'가 도시의 위치를 가장 잘 설명해 준다. 샌프란시스코 만(灣)으로 들어오는 태평양의 거센 물결 위로 금문교(Golden Gate Bridge)가 놓여있어서 북쪽 태평양 연안의 수송을 편하게 하고 오늘날 유명한 관광 명소가 되었다. 1906년 지진에 뒤이은 화재로 도시가 많이 파괴되었지만, 빠르게 재건되었다. 제2차 세계대전 동안에 인근의 해군 조선소가 활기를 띠었고, 태평양 전쟁으로 나가는 군인들을 위한 승선의 주요 항구가 되었다. 유엔을 창조한 유엔 헌장이 1945년 샌프란시스코에서 기안되어 조인되었고, 1951년 샌프란시스코 강화 조약을 통하여 일본과의 전쟁을 공식적으로 끝냈다. 1960년대부터 '히피' 반문화와 함께 성 혁명, 평화운동, 성소수자 권익수호 운동을 주도했고, 샌프란시스코는 미국 자유주의 운동의 중심지로 굳어졌다. 1990년대 후반부터 닷컴(.com) 붐이 불어 인터넷 관련 회사들로 샌프란시스코 경제가 활기를 띠게 되고 사회 미디어 붐이 시작되었다. 샌프란시스코가 애플과 구글 같은 실리콘 밸리 회사들에 고용된 사람들을 위하여 주거 지역으로 인기 있는 장소가 되었다.

샌프란시스코 일대에 사람이 몰리면서 교량, 전차, 철도 및 고속도로가 건설되었다. 또한 수도 공급 시스템과 새로운 하수구들이 개발되었다. 대표적으로 바닷물로 분리되어 있던 샌프란시스코만의 동부 지역과 샌프란시스코 시내가 1930년대에 샌프란시스코-오클랜드 베이 브리지로 연결되었다. 1950년대와 1960년대에 여러 도시 계획 프로젝트들이 추진되어 재개발이 추진되고, 새로운 무료 고속도로들이 건설되었다. 샌프란시스코의 작은 부두들은 폐쇄되어 지금은 관광시설이 되었고, 화물 활동은 만(灣) 동쪽에 있는 오클랜드(Oakland)의 부두로 이동하였다. 샌프란시스코만 동쪽 해안의 버클리(Berkeley)에 있는 캘리포니아 대학교 버클리 캠퍼스가 명문 대학으로 성장하였다. 샌프란시스코만 북쪽의 구릉지에 있는 나파 밸리(Napa Valley)는 포도 농장이 발달하여 각종 와이너리로 새로운 관광지로 부상하였다. 이 일대의 기후는 온난하며 여름에 비가 적고 일조량이 많다.

금문교는 샌프란시스코만의 서쪽 지역에서 북부로 연결되는 유일한 도로이다. I-580 주간 고속도로(Interstate Highway)는 샌프란시스코-오클랜드 베이 브리지(Bay Bridge)로 시작하여 만의 동부로 연결된다. 이 길을 따라 동쪽으로 쭈욱 2시간 정도 가면 요세미티(Yosemite)가 나온다. US101 국도는 I-80 주간 고속도로의 서부 종점과 연결되고 샌프란시스코만을 따라 도시의 남부인 실리콘 밸리를 향한다. 오래된 고속도로인 US101 도로는 금문교와 연결되어 북쪽으로부터 샌프란시스코 시내로 들어갔다가 나와서 남쪽으로 계속 연결되어 산호세를 지나 캘리포니아 남쪽으로 연결된다. I-280 주간 고속도로는 샌프란시스코로부터 남부로 향하며 또한 도시의 남부 끝을 따라 동부로 향하여 베이 브리지의 남부에서 끝난다. 미국을 가로지르는 첫 도로이자 역사적인 대륙 횡단 도로

인 링컨 고속도로의 서부 종점은 샌프란시스코의 링컨 공원(Lincoln Park)에 있다. 이 도로는 I-80 주간 고속도로로 현대화되었다. 미국의 주간 고속도로는 미국 전역을 거미줄처럼 연결해 놓고 있는데, 보통 두 자리 숫자로서 홀수 번호가 붙으면 남북으로 길이 나 있고 짝수 번호는 동서로 길이 나 있다. 홀수 번호는 I-5인 캘리포니아 지역에서 시작되어 동쪽으로 갈수록 번호가 증가하고, 짝수 번호는 미국의 최남단에서 I-10이 시작되어 북쪽으로 갈수록 번호가 증가한다. 그러나 예외도 많이 존재한다. 샌프란시스코만 지역에서는 I-80의 보조 도로가 여럿 건설되어 있다. I-280은 만 서쪽에서 남북으로 나 있고, I-580은 만 동쪽에서 버클리(Berkeley), 오클랜드(Oakland)를 통과하여 헤이워드(Hayward)에서 동쪽으로 가다가 남쪽으로 빠진다. I-680은 이보다 더 동쪽에서 남북으로 나 있고 산호세 남쪽에서 I-280과 합류한다. I-880은 오클랜드에서 시작되어 남으로 샌프란시스코만의 동쪽 해안을 따라 헤이워드, 프리몬트(Fremont), 밀피타스(Milpitas)를 거쳐 산호세에서 I-280과 만나고 US101 도로와 연결되어 남쪽으로 달린다.

샌프란시스코 주변은 대중교통도 잘 조성되어 있다. 보통 '무니(Muni)'로 불리는 대중교통 체계는 경전철과 지하철을 합친 것과 버스 망을 운영한다. 또한 주요 관광객에게 유명한 케이블카의 일종인 '트램(tram)'을 운영한다. BART(Bay Area Rapid Transits)는 수중 트랜스베이 튜브를 통하여 만의 동부와 샌프란시스코 시내를 연결한다. 이 노선은 도시 남부의 관청가로 달리고, 샌프란시스코 국제공항까지 간다. 통근 철도 시스템인 칼트레인(CalTrain)은 샌프란시스코 반도를 따라 샌프란시스코에서 산호세로 달린다. 역사적인 암트랙(Amtrack) 캘리포니아 열차가 샌프란시스코에서 출발하여 팔로알토와 산호세를 통과하여 로스앤젤레스까지 달린다. 오늘날 실리콘 밸리 회사들로 통근하는 샌프란시스코 시민들의 편의를 도모하기 위하여 샌프란시스코에서 실리콘 밸리 지역으로 가는 버스 교통을 마련하고 있다.

샌프란시스코 국제공항은 샌프란시스코와 베이 지역의 주요 공항으로 샌프란시스코 도심 남부에 13마일(21km) 떨어져 있다. 샌프란시스코 국제공항은 유나이티드 항공(United Airline)과 버진 아메리카(Virgin America) 항공사의 허브 공항으로 북아메리카에서 가장 큰 국제 터미널로 아시아와 유럽으로 가는 주요 통로이다. 샌프란시스코만을 가로질러 위치한 오클랜드 국제공항은 샌프란시스코 국제공항의 대안으로 인기가 있다. 지리적으로 오클랜드 공항은 샌프란시스코 도심으로부터 샌프란시스코 국제공항과 대략 같은 거리이다. 샌프란시스코만의 남쪽에 있는 산호세 국제공항은 오늘날 실리콘 밸리의 확장과 더불어 이용객의 규모가 커지고 있다.

실리콘 밸리(Silicon Valley)는 미국 캘리포니아주 샌프란시스코 반도의 동쪽에서 샌프란시스코만(灣)까지의 지역을 이르는 말이다. 필자가 20대일 때 이곳 지역을 처음 출장으로 방문하고 돌아온 친구한테서 들은 소감의 첫 마디는 실리콘 밸리 지역이 상당히 넓은 지역이어서 놀랐다는 말이었다. 밸리에 해당하는 우리말의 산골짜기는 산과 산 사이의 낮은 경계를 말하므로 밸리라는 말을 좁은 지역으로 인식하고 있었는데, 이곳 실리콘 밸리는 태평양을 병풍처럼 막고 서 있는 산맥과 그 반대편 서쪽의 산맥 사이에 있는 넓은 지역이다. 실리콘 밸리는 처음에는 팔로알토(Palo Alto), 마운틴뷰(Mountain View) 지역에서 시작하였으나 오늘날에는 서니베일(Sunnyvale), 쿠퍼티노(Cupertino), 산호세(San Jose)까지 샌프란시스코만 남쪽으로 확장되어 있다.

처음에는 이 지역에 실리콘 칩 제조 회사들이 많이 모여있었기 때문에 이같이 이름이 붙여졌지만, 현재는 컴퓨터, 바이오 기술 등 온갖 종류의 첨단기술 회사들이 이 지역에서 사업을 벌이고 있다. 실리콘 밸리는 미국뿐만 아니라 전 세계적으로 기술 혁신의 상징이 되고 있다. 1인당 특허 수, 엔지니어의 비율, 모험자본 투자 액수 등의 면에서 미국 내 혹은 전 세계적으로 최고 수준을 유지하고 있다. 실리콘 밸리 지역은 하이테크 경제의 성공에 힘입어 매우 부유한 지역이 되었다. 실리콘 밸리의 성공 비결로는 전 세계에서 모여드는 유능한 엔지니어와 사업가들, 모험자본 투자자들(venture capitalist), 캘리포니아 대학교 비클리 캠퍼스와 스탠퍼드 대학교 등의 교육 및 연구 기관의 존재를 꼽고 있다. 이 지역에 실리콘 밸리 같은 첨단 단지가 들어서기는 스탠퍼드 대학교의 장기적인 계획에 따른 것이고, 지금도 계속되고 있다는 분석이 있다.

1947년 동부의 벨 전화 연구소(Bell Telephone Laboratories)에서 처음으로 진공관 대용으로 개발된 증폭기는 게르마늄 재료를 이용하여 제작한 점 접촉 트랜지스터(point-contact transistor)였다. 이 트랜지스터의 작동 원리가 처음에는 전계효과(electric field effect)인 줄로 알았으나 반도체의 표면 효과라고 밝혀졌다. 그 뒤 쇼클리는 접합 트랜지스터(junction transistor) 원리를 이론적으로 완성하였다. 이 반도체 소자는 당시의 진공관 작동 원리를 유추하여 n-p 접합과 p-n 접합 접하여 있는 n-p-n 접합 트랜지스터 구조였다. 이런 구조의 소자를 제작하기 위해서는 게르마늄 재료의 정제, 게르마늄 단결정의 성장, 게르마늄 재료에 통제된 불순물 주입이 주요한 작업이었다. 당시에 이미 전하의 원활한 이동을 위해서 불순물이 별로 없는 순수한 게르마늄 재료의 준비와 다결정이 아닌 단결정의 제작이 필수라는 사실이 확립되어 있었다. 천만(10의 8승)개의 게르마늄 원자에 두 개의 안티몬(Sb) 원자를 도핑하면 n형 반도체 지역을 얻을 수 있고, 여기에 4개의 갈륨(Ga) 원자를 도핑하면 p형 반도체 지역을 얻을 수 있고, 갈륨 원자의 도핑을 중단하면 다시 n 형 지역을 형성할 수 있어, 전체적으로 n-p-n 구조를 만들 수 있었다. 이러한 구조의 접합 트랜지스터를 제작한 벨 전화 연구소(Bell Telephone Laboratories)의 제조 부문인 웨스턴 일렉트릭(Western Electric)은 큰돈을 벌 수 있었다. 이를 성장 접합 단결정 기술(grown junction single-crystal technique)이라고 부른다. 이러한 기술 개발의 중심에 벨 전화 연구소의 틸(Gordon K. Teal, 1907~2003)이 있었다.

1952년에 TI(Texas Instruments) 회사는 웨스턴 일렉트릭으로부터 게르마늄 트랜지스터를 제조할 수 있는 특허를 매입하는데, 이때 틸은 벨 전화 연구소를 사직하고 자기의 고향인 텍사스주 댈러스(Dallas, Texas)에 있는 TI로 옮긴다. TI 회사에 중앙연구소(Central Research Laboratories)를 설립한 틸은 1954년 최초의 실리콘 n-p-n 트랜지스터를 발표한다. 이후로 TI는 새롭게 급팽창하는 반도체 산업의 총아로 등장하게 된다. 게르마늄과 실리콘은 주기율표에서 4족(혹은 14족)에 속하는 원소로서 모두 반도체의 성질을 보인다. 실리콘의 에너지 금지 대역의 크기가 1.12eV로서 0.72eV인 게르마늄보다 더 큰데, 이 때문에 실리콘 소자의 작동 온도가 더 넓어 소자의 유용성이 있다. 또한 게르마늄은 지각에 희귀한 원소인데 반하여 실리콘은 모래나 자갈의 주성분인 이산화실리콘(SiO_2)으로부터 얻을 수 있다. 그래서 게르마늄 트랜지스터는 실리콘 트랜지스터로 대체되고 TI는 떼돈을 벌게 된다.

그 뒤 1959년에 TI의 킬비(Jack S. Kilby, 1923~2005)가 게르마늄 기판에 반도체 공정을 이용한 집적 회로(Integrated Circuit;

IC)를 발명하고, 1960년에 벨 전화 연구소의 강대원(Dawon Kahng, 1931~1992)과 이집트 출신의 아탈라(Mohamed M. Atalla, 1924~2009)에 의해 이산화실리콘(SiO_2)−실리콘(Si) 구조의 MOSFET(Metal Oxide Semiconductor Field Effect Transistor) 반도체 소자가 발표됨으로써 이후로 실리콘이 반도체 재료의 대세가 되었다.

6
INTEL

반도체 기술의 역사상 많은 사람의 노력이 들어갔지만, 제일 크게 노력한 사람을 한 사람 들라면 필자는 서슴없이 미국의 노이스(Robert Norton Noyce, 1927~1990)를 꼽고 싶다. 그를 감히 반도체 기술과 산업의 아버지라고 말해도 손색이 없다. 그는 박사학위를 반도체 물리로 MIT에서 받았고 쇼클리 반도체 연구소(Shockley Semiconductor Laboratory)에 합류했고 젊은 나이인 1957년에 페어차일드 반도체 회사(Fairchild Semiconductor Corporation)를 8명과 공동 창업했고, 첫 집적 회로(monolithic integrated circuit, microchip)의 아이디어를 내고 직접 제작하였다. 그 후 10여 년 뒤인 1968년에 인텔(INTEL Corporation)을 공동 창업하여 개인용 컴퓨터(personal computer; PC) 혁명에 불을 붙였다. 그는 살아있을 때 '실리콘 밸리의 시장(Mayor of Silicon Valley)'이라는 별명을 얻었고, 오늘날의 실리콘 밸리가 있게 한 장본인이다. 그는 애국심도 대단하여 미국의 반도체 제조 기술이 일본에 뒤떨어지고 있다는 지적에 과감히 1978년 미국 반도체 산업 연합회(Semiconductor Industry Association; SIA) 회장이 되어 텍사스주 오스틴(Austin, Texas)에 세마테크(SEMATECH)라는 민관 합동 회사를 주도적으로 세워 활동하다가 불시에 심장마비로 사망하였다.

노이스는 아이오와주 벌링턴(Burlington, Iowa) 출신으로 그리넬 대학(Grinnell College)에서 물리학과 수학으로 1949년에 학사학위를 받고 MIT의 물리학 박사 과정에 들어갔다. 재학 중에 그는 마음이 급하고 머리 회전이 빨라 대학원 친구들이 그를 '빠른 로버트(Rapid Robert)'라고 불렀다고 한다. 그는 1953년에 물리학 박사학위를 MIT로부터 받았다. MIT를 떠나 필라델피아에 있는 필코 회사(Philco Corporation)에 취직했다가 1956년에 사직하고 캘리포니아주 마운틴뷰에 있는 쇼클리 반도체 연구소에 들어갔다. 거기서 한 1년쯤 있다가 쇼클리의 회사 관리 방식에 문제를 제기하고 '8인의 반란자'와 함께 페어차일드 반도체 회사를 창업하였다. 투자자였던 페어차일드(Sherman M. Fairchild, 1896~1971)에 의하면, 노이스의 반도체 비전에 관한 발표에 반하여서 반도체 부문을 창설하게 되었다고 한다. 여덟 명의 젊은 과학자 중에서 노이스가 유일한 반도체 기술자였다.

노이스는 집적 회로(Integrated Circuit; IC)의 발명자로도 유명하다. TI(Texas Instruments)의 킬비(Jack S. Kilby, 1923~2005)가 1958년에 게르마늄 기판에 반도체 공정을 이용한 하이브리드 집적 회로(hybrid IC)를 발명한 이후에 노이스는 1959년에 독립적으로 새로운 형태의 집적 회로(monolithic IC)를 발명하였다. 그의 특허는 'Semiconductor Device and Lead Structure'라는 제목으로 1959년 7월에 미국 특허 번호 2,981,877로 출원되고, 1961년 4월에 등록되었다. 노이스의 칩은 실리콘으로 만들어졌고, 킬비의 발명보다 더 실용적이었다. 모노리식(monolithic)은 '단일 돌' 즉 하나의 실리콘 웨이퍼 위에 여러 가지 회로가 들어가 있다는 뜻이다. 킬비의 특허는 게르마늄 웨이퍼 위에 회로를 집적하는 것으로 되어 있고 외부에 도선이 연결되어 있어서 대량생산이 용이(容易)하지 않은 단점이 있다. 노이스의 특허는 하나의 실리콘 웨이퍼 위에 능동 회로 성분(active circuit component)뿐만 아니라 수동 회로 성분까지 집적하게 되어 있어서 기술적인 우위가 있었다. 그의 특허는 8인의 반란자 중의 한 명이었고 같은 회사의 회르니(Jean Hoerni, 1924~1997)가 1959년 초에 발명한 플래나 공정(Planar Process)에 기초를 두고 있다.

집적 회로 발명의 우선권에 관하여 두 발명자의 소속 회사 간의 법적 다툼이 장기간에 걸쳐 있었는데, 미국 법원은 결국 TI의 킬비 손을 들어 주었다. 여기서 공식적인 집적 회로의 첫 발명자는 킬비라고 판결되었다. 킬비의 특허 출원이 노이스보다 6개월 앞섰다는 사실이 결정에 크게 작용하였다. 그러나 킬비나 노이스 중에서 누구도 집적 회로의 공동 발명자라는 타이틀을 부정하지 않았다. 2000년에 스웨덴의 노벨상 선정 위원회는 반도체 칩이 현대 문명에 끼친 영향력을 반영하여 그 발명자인 킬비에게 노벨 물리학상을 수여하였다. 킬비는 노벨상 수상 강연에서 그의 IC 성공에 기여(寄與)한 몇 사람 중에 노이스를 세 번이나 언급하였다. 이때는 이미 10여 년 전에 노이스가 사망한 후였다. 살아있었다면 노이스에게도 노벨 물리학상을 주었을 터인데. 사람은 오래 살고 볼 일이다.

노이스는 1968년에 페어차일드 반도체 회사를 그만두고 동료인 무어(Gordon Moore, 1929~2023)와 함께 산타클라라(Santa Clara)에서 인텔(INTEL Corporation)을 창립하였다. 회사 초대 이사회 의장이고 실리콘 밸리의 주요한 벤처투자자였던 록(Arthur Rock, 1926~)이 회사의 성공을 위하여 두 사람 이외에 페어차일드 반도체 회사의 엔지니어였던 그로브(Andrew S. Grove, 1936~2016)의 합류를 강력히 추천하여 영입에 성공하였다. 당시 설립자나 투자자의 이름을 회사명에 넣는 관례에 따라 노이스와 무어는 새 회사의 이름을 노이스-무어 전자 회사(Noyce-Moore Electronics Corporation)로 정했다. 그러나 회사 이름이 '잡음 더'라는 의미의 영어 단어(Noise

More)와 발음이 비슷하여 부정적인 이미지를 떠올린다는 지적을 받았다. 결국 이들은 집적 회로를 전면에 내세우기로 한 뒤, '집적'을 뜻하는 'Integrated'와 '전자'를 의미하는 'Electronics' 두 단어를 조합해 인텔(INTEL)이라고 회사 이름을 지었다. 이것이 인텔 브랜드의 시작이었다. 인텔은 지능, 지성을 의미하는 영어(intellect) 혹은 관련 단어의 앞부분이어서 좋은 작명이라는 평을 받고 있다. 이후로 실리콘 밸리의 반도체 회사들은 인명보다는 보통명사의 조합으로 이름이 지어졌다. 인텔을 창업한 노이스는 자신이 직접 CEO를 맡고 새로운 벤처회사를 키워 나갔다. 페어차일드 반도체 회사 시절에 형성된 그의 경영 스타일은 새 회사에 그대로 전수되었다. 종업원을 가족처럼 대하고 직접 소매를 걷어붙여 일을 처리하는 그의 회사 관리 자세는 후의 경영진에게도 귀감이 되었다. 회사의 자동차, 주차장, 가구 등을 수수하게 갖추고 덜 관료화되고 자유 분망한 직장 분위기를 형성하였다. 노이스는 발명한 실리콘 집적 회로의 집적도를 높이는 데 노력하였다. 그리고 1979년 CEO 자리를 동업자인 무어에게 넘겨주고 인텔을 떠났다.

인텔의 공동 창업자이자 2대 CEO인 무어(Gordon Moore, 1929~2023)는 샌프란시스코에서 태어나 1950년 버클리(University of California, Berkeley)를 졸업한 뒤, 1954년 CALTECH(California Institute of Technology)에서 물리화학으로 박사학위를 받았다. 노이스와 무어의 인연은 쇼클리 반도체 연구소에 합류하면서 시작되었다. 페어차일드 반도체 회사의 연구 개발 분야 책임자였던 무어는 1965년에 반도체 칩의 집적도 추이에 관한 글을 잡지 'Electronics Magazine'에 발표하는데 후세 사람들은 이를 무어의 법칙(Moore's Law)이라고 부른다. 이는 반도체 칩 안에 들어가는 트랜지스터의 숫자가 매년 두 배씩 늘어난다는 법칙이다. 그 뒤에 성장 속도가 둔화(鈍化)되어 1975년 저자 자신이 매년을 24개월로 수정하였지만, 무어의 법칙은 가격이나 성능 면에서 디지털 능력이 지수적으로 계속 증가한다는 중요한 하이테크 법칙 중 하나가 되었다.

1960년대 후반만 해도 미국 기업들은 대형 컴퓨터인 메인 프레임 컴퓨터(Main Frame Computer)를 사용하고 있었으나 이 컴퓨터의 메모리 장치는 낙후된 상태였다. 기업들은 데이터와 프로그램을 쉽게 저장할 수 있고 빠르게 검색할 수 있는 기능을 가진 새로운 컴퓨터를 원했다. 노이스와 무어는 메모리 셀을 통합하는 방법만 고안해 낸다면 컴퓨터 메모리는 훨씬 소형화되고 빨라질 수 있으리라고 생각했다. 드디어 1969년 인텔은 SRAM(Static Random Access Memory) 칩과 ROM(Read Only Memory) 칩을 선보였으나 시장에서 좋은 반응을 얻지 못했다. 1년 뒤, 인텔은 DRAM(Dynamic Random Access Memory) 칩을 출시했는데, 이는 시장에 있는 타사의 제품들보다 훨씬 뛰어난 것이었다. 새 제품은 높은 성능으로 좋은 반응을 얻기 시작했고, 제품 출시 2년도 되지 않아 세상에서 가장 잘 팔리는 반도체가 되었다. 이로써 인텔은 유명한 반도체 메모리 회사가 되었고 이 성공에 힘입어 1971년 공식적으로 첫 흑자를 기록했다. 창업 이후 10년간 인텔의 수익률은 총매출의 25%가 넘었는데, 이는 메모리 산업을 사실상 독점했기에 가능한 일이었다. 하지만 1980년대 초반, 일본 업체들이 메모리 시장에 본격적으로 진출하면서 인텔을 위협하기 시작했다. 일본의 반도체 업체들은 인텔이 거래하는 메모리 가격에 10%를 할인해서 판매했다. 이러한 일본 반도체 업체들의 무차별적인 공습에 인텔은 원가도 회수하지 못하는 상황이 되었다. 1985년이 되자 상황은 더욱 악화(惡化)되어, 인텔은 회사 운영 자체가 힘들어졌다.

인텔의 설립과 함께 첫 번째 직원으로 입사한 그로브는 헝가리 태생의 유대인으로 1956년 헝가리혁명으로 고생하다가 탈출에 성공하여 미국으로 이민 와서 뉴욕 시립대학(City College of New York)에서 화학공학으로 학사학위를 받고, 버클리 대학교에서 1963년 화학공학 박사학위를 받았고 같은 학교의 교수가 되었다. 그의 연구 분야는 실리콘 산화물 형성 공정으로 당시에 막 개발된 실리콘 MOSFET 소자 제조에 필수적인 기술이었다. 그가 저술하고 1967년에 출간된 '반도체 소자의 물리 및 기술(Physics and Technology of Semiconductor Devices)'이란 책은 이 분야의 고전이 되어 지금도 읽히고 있다. 1967년에 페어차일드 반도체 회사로 옮긴 그는 뛰어난 연구 실적으로 실력을 인정받고 있던 엔지니어였다. 이미 하나의 기판에 여러 개의 트랜지스터를 집적하는 뛰어난 기술을 보유하고 있는 노이스는 메모리 칩의 개념과 설계 회로를 담당했고, 그로브는 메모리 칩을 실제로 제조하는 업무를 담당했다. 반도체 메모리 칩으로 회사의 경영이 본궤도에 오르는 데 성공하였으나, 일본 회사들의 도전으로 인텔은 어려운 상황에 봉착하였다. 당시 사장이었던 그로브는 CEO인 무어와 협의하여 1985년 메모리 산업 포기를 선언하고 구조 조정에 들어가 1986년에 메모리 사업에서 완전히 철수했다. 그리고 1987년 무어는 CEO 자리를 그로브에게 넘기고 은퇴하였다.

인텔이 메모리 사업을 포기하고 주력으로 시작한 분야는 CPU(Central Processing Units), 이른바 마이크로프로세서였다. 인텔은 1971년 세계 최초로 탁상용 전자계산기(calculator)에 들어가는 4비트 마이크로프로세서 칩인 4004를 출시하고, 1972년에는 최초의 8비트 CPU인 8008을 출시했다. 1974년 인텔은 마이크로프로세서 8008보다 처리 속도가 10배 빠르며 64KB의 메모리를 다룰 수 있는 최초의 범용 마이크로프로세서인 8080을 출시하였다. 1975년, 마이크로프로세서 8080이 최초의 개인용 컴퓨터 중 하나인 알테어(Altair) 8800에 사용되면서 PC의 가능성을 열었다. 1976년, 인텔은 마이크로프로세서 8085를 발표했고 세계 최초의 단일 보드 컴퓨터(single board computer)를 출시하였다. 1977년에 발표한 최초의 단일 칩 코덱(Single Chip Codec)은 통신 산업의 표준이 되었다. 1978

년, PC를 위한 첫 16비트 마이크로프로세서 8086을 출시하였다. 1979년, 인텔은 마이크로프로세서 8008보다 처리 속도가 10배 빠르고 64KB의 메모리를 다룰 수 있는 마이크로프로세서 8088을 출시한다. 1980년, 인텔은 마이크로컨트롤러(Microcontroller) 8051과 마이크로컨트롤러 8751을 출시했다. 1981년에는 IBM이 인텔의 마이크로프로세서 8088을 IBM PC의 마이크로프로세서로 채택한다.

1981년 IBM(International Business Machines Corporation)이 개발한 개인용 컴퓨터(Personal Computer; PC)가 돌풍을 일으키면서 여기에 채택된 인텔의 마이크로프로세서 8088의 판매가 급성장하게 되었다. 어느 정도 입지를 굳히게 된 인텔은 컴팩(Compaq) 회사에 새로 개발된 인텔의 마이크로프로세서 80386을 탑재한 PC를 만들어 보자고 제안했다. 이로부터 1990년대 초에는 그동안 IBM이 차지했던 데스크톱 시장 점유율 1위를 컴팩이 차지하게 되었다. 인텔은 컴팩의 성공으로 인해 막대한 수익을 올렸고 더 이상 IBM의 하청 업체가 아니었으며 컴퓨터 시장에서 인텔은 가장 영향력 있는 하드웨어 업체로 자리 잡았다. 386 PC의 성공으로 1987년에는 2억 4천만 달러의 흑자회사가 되었다. 이 성과 덕분에 그로브는 인텔의 CEO 자리에 앉게 되었다. 또한 인텔은 마침 IBM PC 호환 컴퓨터에 운영체제를 공급하며 성장하고 있던 마이크로소프트(Microsoft; MS)와 손을 잡고 PC 시장에서 IBM을 제쳤다. 이전까지 IBM이 전 세계 PC에 적용할 규칙을 만들었다면, 이때부터는 인텔과 MS가

PC의 규격을 합의한 뒤 외부에 발표하면 그것이 곧 컴퓨터 업계의 표준이 되었다.

인텔의 마이크로프로세서 제품명인 x86 시리즈는 곧 유명해지고 한국 정치판에서도 x86 바람이 불었다. 한편 PC 시장을 장악하고 있던 인텔은 자사의 마이크로프로세서를 복제하는 업체들로 인해 고민에 빠졌는데, 그 중 대표적인 회사가 AMD(Advanced Micro Devices)였다. 인텔이 386을 판매하면 AMD는 Am386을 발표했고, 인텔이 486을 발표하면 AMD는 Am486을 발표하는 식이었다. 인텔은 복제 회사들을 특허 침해로 법원에 고소하였으나 미국 법원은 미국 사회에서 독점을 반대한다는 정신에 근거하여 인텔의 패소를 판결하였다. 이에 그로브는 1993년에 출시된 586 CPU에 기존 방식이 아닌 새로운 이름, 즉 펜티엄(Pentium)이라는 고유 상표를 등록해서 판매했다. 1990년대 중반 이후 인텔은 반도체 업계에서 승승장구했다. 1995년에 세계 반도체 매출액 1위 회사에 올랐고 이는 2017년까지 계속되었다.

1998년, 변화하는 인터넷 환경에 맞는 새로운 경영을 위해 그로브 회장이 물러나고 배럿(Craig S. Barrett, 1939~)이 네 번째 CEO가 되었다. 이때부터 인텔의 방향이 급격히 바뀌었는데, 그 대표적인 예가 마이크로프로세서 중심 구조에서의 탈피였다. 배럿은 인터넷 사업으로의 확장을 통해 다양성을 추구했다. 인텔은 마이크로프로세서 외에도 컴퓨터 아키텍처(Computer Architecture)와 인터넷 구성 요소인 칩(Chip), 보드(Board), 시스템(System), 소프트웨어(Software), 네트워킹(Networking) 및 통신(Communication) 장비와 서비스로까지 영역을 확대해 왔다. 배럿은 샌프란시스코 태생으로 스탠퍼드 대학교를 1957년부터 1964년까지 다녔고 여기서 재료과학으로 박사학위를 받고 바로 같은 과의 교수가 되었다. 그는 다른 두 사람과 함께 저술하고 1973년에 출판된 'The Principles of Engineering Materials'의 주저자로 유명한데 필자도 대학원 시험 준비할 때 정독하였다. 필자가 1980년대 초에 미국에 유학할 학교를 선택할 때 스탠퍼드 대학교 재료공학과의 교수 명단을 살펴보았는데 그때 그의 이름이 안 보였다. 그때는 그냥 이상하다고 생각했는데, 다른 대학에서 공부하고 귀국하여 반도체 회사에 근무할 때인 1990년대 초에 미국에서 있는 반도체 산업 관련 콘퍼런스에 출장을 갔는데 기조 발언자로 나선 배럿을 볼 수 있었다. 그때 그는 인텔의 제조 담당 부사장으로 소개되었다. 출장에서 돌아와서 그의 이력을 찾아보니 1974년 스탠퍼드 대학교 교수를 그만두고 인텔의 생산부장으로 옮겨갔다. 앞으로 반도체 제조 회사에서 재료 관련 기술이 중히 쓰이리라는 판단으로 그의 영입을 추진한 당시 인텔 경영자들의 결정이 주효했고, 교수 자리를 그만두고 신생 회사의 생산부장으로 들어가기로 큰 결정을 내린 배럿의 용단이 단연 돋보인다. 종합반도체 회사를 고집한 인텔은 자기가 판매하는 칩은 자신이 제조한다는 철학을 고수하였는데, 그 중심에 앞의 CEO 그로브와 뒤의 CEO 배럿이 있었다. 특히 인텔은 반도체 제조시설인 팹(FAB)을 여러 군데 건설했는데 공장의 위치가 다르더라도 단위 공정의 제조 장비는 어디서나 같은 기종을 사용한다는 철칙을 갖고 있었다.

배럿 뒤를 이어 2005년 다섯 번째로 바통을 이어받은 인텔의 CEO는 오텔리니(Paul Otellini, 1950~2017)였다. 그는 샌프란시스코 대학교(University of San Francisco)에서 1972년 경제학 학사학위를 받고 1974년 버클리(University of California, Berkeley)에서 MBA(Master of Business Administration)를 받은 후 인텔에 입사한 후 30년 넘게 영업(Sales & Marketing) 분야에서 일했다. 그는 퀄컴(Qualcomm)과 ARM(Advanced RISC Machines) 홀딩스와의 경쟁에서 인텔이 앞설 수 있도록 주도적으로 이끌었지만, 스마트폰과 태블릿 PC가 기존 PC를 대체하며 급변하는 모바일 시장에서 인텔은 고전을 면치 못했다. 그는 2013년 CEO를 사임하였고 새롭게 크르자니크(Brian Krzanich, 1960~)가 제6대 CEO로 취임하였다. 산타클라라 출신으로 산호세 주립대학교(San Jose State University)에서 1982년 화학으로 학사학위를 받은 후 인텔에 입사하여 주로 반도체 제조 팹에서 일한 후 경영에 참여하여 최고의 직위까지 올랐다. 회사의 공급망을 관리하는 자리에 있으면서 인텔의 마이크로프로세서에서 문제 되는 광물질(conflict minerals)을 제거하는 데 공헌하였다. CEO 자리에 있으면서 이동전화 칩 시장에서 철수하는 구조 조정을 단행하는 한편으로 인텔의 사업영역을 CPU(central Processing Units) 이외의 다양한 분야로 확장하려고 노력하였다. 대만의 TSMC(Taiwan Semiconductor Manufacturing Company)와 한국의 삼성전자와 나노미터 칩의 생산으로 경쟁하여야 하고, 죽은 줄 알았던 AMD가 세월이 지나면서 CEO의 세대교체 후에 CPU 시장에서 점유율을 크게 늘리고 있었다. 반도체 생태계도 크게 바뀌어 팹리스(Fabless) 회사가 크게 성장했고 CPU 대신 GPU(Graphics Processing Unit)가 대세가 되어 새로운 반도체 회사들이 생겨났다. 그래서인지 반도체 매출이 저하되고 세계 반도체 매출 1위 자리를 지키는 게 어려워졌다. 크르자니크는 개인적인 문제로 2018년에 인텔의 CEO 자리에서 물러났다.

그 뒤에 재무 전문가인 스완(Robert Swan, 1961~)을 거쳐 인텔에서 뼈가 굵은 정통 엔지니어 출신인 VMware 회사 CEO인 겔싱어(Patrick P. Gelsinger, 1960~)를 2022년 신임 CEO로 초빙하였다. 겔싱어는 펜실베이니아주(Pennsylvania) 출생으로, 어릴 적에 천재 소리를 들었다고 한다. 우리나라의 전문대학에 해당하는 링컨 기술학교(Lincoln Technical Institute)를 졸업한 뒤 18세의 나이에 1979년 인텔에 입사한 뒤에 386 프로세서 디자인 팀의 디자인 엔지니어였고, 그로브가 최고 책임자일 때 486 프로세서 디자인 책임자였다. 회사에 재직하면서 1983년에 산타클라라 대학교(Santa Clara University)에서 전자공학 학사학위, 1985년에 스탠퍼드 대학교에서 전자공학 석사학위를 취득하였다. 32세 때인 1992년 Personal Computer Enhancement Division 담당 인텔 최연소 부사장, 2001년 인텔 첫 번째 CTO(Chief Technical Officer), 2005년에 Digital Enterprise Group 담당 부사장을 역임하고 2009년 인텔을 떠났다가 2022년 CEO로 돌아왔다.

7
SEMATECH

　세마테크란 반도체 제조에 필요한 공정(프로세스) 기술을 개발하기 위하여 미국에서 민관 합동으로 만든 연구조합이다. 회사 이름은 반도체 제조 기술(SEmiconductor MAnufacturing TECHnology)이란 영어의 앞 글자로 이루어져 있다. 일본에 비하여 미국의 반도체 제조에 사용되는 프로세스 기술이 떨어진다는 우려에서 미국 반도체 산업의 제조공정을 개선하고 국제경쟁력 강화를 목적으로 설립된 비영리(none for profit) 컨소시엄으로서, 미국의 반도체산업협회인 SIA(Semiconductor Industry Association)가 중심이 되어 1987년에 미국의 텍사스주 오스틴시(Austin, Texas)에서 정식으로 발족하였다. 경영진을 구성한 후 직접 기술자를 모집하고, 전용 시설인

FAB을 건설하고, 반도체 프로세스 개발 로드맵을 발표하고, 관련 기술개발에 착수하였다.

미국의 반도체산업협회 SIA는 일본의 반도체가 미국에 본격적으로 수입되기 시작한 1977년 실리콘 밸리에서 인텔의 CEO인 로버트 노이스의 주도로 미국의 반도체 메이커 5개 회사가 중심이 돼 결성된 단체이다. 그 뒤에 SIA에는 반도체 칩 제조 회사는 물론 반도체 제조 장비 제작 회사, 반도체 재료 회사, 대학, 전문연구소, 정부 기관 등 반도체 관련 산업에 종사하는 회사들이 망라되었다. 이 단체는 미국 반도체 산업의 발전을 위한 중장기 계획을 수립하여 추진하는 한편, 업계의 요구를 정부에 건의하여 정부의 반도체 산업 육성 정책이나 대외 무역 정책 반영에 영향력을 발휘하였다. 이 협회는 반도체 연구 기관인 미국 반도체 연구 개발 컨소시엄인 Semiconductor Research Corporation(SRC)과 반도체 제조 기술 컨소시엄(SEMATECH)을 설립하는 데 중추적 역할을 했으며, 이들 연구 기관을 통한 산관학연(産官學研) 연구 활동의 조정과 분담 및 연구비의 지원으로 미국 반도체 산업의 경쟁력 확보에 주력하였다.

세마테크는 초창기에는 미국 연방 정부의 자금지원으로 차세대 반도체, 특히 초대규모집적회로(Very Large Scale Integration; VLSI) 메모리의 개발과 제조 기술의 개발을 목표로 하며, 13개 회사가 투자하였다. 초기에는 연간예산 2억 5천만 달러 중 연방 정부의 국방성(Department of Defense)이 DARPA(Defense Advanced Research Projects Agency)를 통하여 1억 달러, 참가한 민간기업이 1억 달러, 주 및 시 정부와 미국과학재단(National Science Foundation; NSF) 등이 5천만 달러를 부담했다. 연방 정부가 군용 이외의 민수용 기술개발 프로젝트에 자금을 투입한 배경에는 반도체 산업이 민간 분야뿐만 아니라 국방 시스템에도 꼭 필요한 전략산업이라는 판단 때문이었다. 개발 성과는 참가하는 각 회사가 공유하며, 각 기업은 내수용 및 수출용 개발 제품에 기술을 응용할 수 있게 되어 있었다. 참가기업은 반도체 제조 회사인 인텔, 모토롤라(Motorola), TI, 마이크론(Micron)은 물론 반도체 구매 업체인 IBM, AT&T, 휴렛팩커드(Hewlett-Packard), 퀄컴(Qualcomm) 등이 포함되어 있었다. 국내 기업으로는 미국에 반도체 제조시설을 설립한 삼성전자와 하이닉스가 참여한 바 있다. 1996년 이후에는 미국 연방 정부의 지원이 끊어지고 국제적인 반도체 관련 회사들로부터 자금을 지원받기에 이르렀다. 아이러니하게도 도시바 같은 일본 회사도 회원사로 참여하게 되었다.

세마테크는 주로 반도체 제조에 필요한 새로운 재료, 공정, 장비를 개발하는 데 관련된 기술과 원가 등에 관하여 연구를 수행해 왔다. 예를 들어 극자외선(Extreme Ultra Violet; EUV) 노광기술(Lithography) 개발에 착수하여 마스크 블랭크 재료, PR(Photoresist) 재료의 개발, 소자 구조, 측정 기술, 환경이나 안전 관련 기술 등을 개발하였다. 2003년에는 세마테크와 뉴욕주립대학교(State University of New York) 간에 협약을 맺어 나노 스케일 과학기술 대학(College of Nanoscale Science and Engineering; CNSE)을 설립하여 새로운 FAB을 구축하고, 본부 소재지도 뉴욕주 올버니시(Albany, New York)로 옮겼다. 인텔과 삼성전자가 참여 회사에서 탈퇴하는 등 여러 우여곡절을 경험하고 활동이 처음보다 달라졌지만, 세마테크는 세계적인 학회, 심포지엄, 워크숍 등을 주최하며 여러 가지 반도체 기술 관련 보고서를 내고 있다. 그러나 이러한 심포지엄에 의한 기술 개발은 한계가 있고 참여 회원사들의 의견 차이로 좋은 성과를 내기가 어려웠다.

실제로 대일 반도체 문제의 해결은 미국 자체의 프로세스 기술의 개발보다는 무역 제도의 개선을 통하여 이루어졌다. SIA를 비롯한 미국 반도체 제조 회사의 적극적인 로비 활동의 결과, 수입 반도체 제품에 높은 관세를 부과한다든지 엔화 환율을 조정하는 외교와 통상의 압력으로 해결하였다. 이 과정에서 미일 반도체 전쟁이라는 말까지 사용될 정도로 양국의 대응이 치열하였으나 결국은 일본의 순응으로 문제가 해결되었다. 원래 미국의 시장 규모를 보고 외국 제품이 저가로 들어왔으니까, 미국의 전자 회사나 소비자는 큰 이득을 보게 되었으나 미국 내 반도체 산업이 위축되니까 그것이 큰 문제로 대두되었다. 미국도 선택적으로 산업구조를 개편하여 메모리 반도체 분야에서 일부 철수하고 비메모리 제품에 주력하였다.

그리고 반도체 패키지 분야를 비롯하여 미국 내의 노동집약적인 공장을 폐쇄하고 모두 한국, 필리핀, 말레이시아 등지로 생산기지를 이동하였다. 반도체 산업의 구조 변혁으로 팹리스(Fabless) 회사가 많이 생겨서 실리콘 칩의 제조조차도 포기하는 수준에 이르렀다. 세월이 가면서 미국이 정권의 변화를 겪는 사이 일본을 대신하여, 한국, 대만, 중국이 반도체 대국으로 새롭게 등장하였다. 특히 중국의 성장으로 미국이 긴장하면서 반도체 기술을 하나의 외교적인 지렛대로 생각하게 되었다.

미국 반도체 산업의 경쟁력을 선도해 온 영리단체로 SEMI(Semiconductor Equipment Materials Industry)를 들 수 있다. 주로 반도체 제조 장비 제작 회사와 소요 재료 관련 회사를 회원사로 두고 있다. 샌프란시스코 인근에서 매년 봄에 개최되는 SEMICON West, 가을에 미국 동부에서 개최되는 SEMICON East 등 반도체 제조 장비와 재료 전시회의 개최를 주관하고 있다. 반도체 소자 제조 활동이 왕성해진 국가에 지사를 설립하고, SEMICON Japan, SEMICON Korea, SEMICON China, SEMICON Europe 등을 수년간 개최하고 있다. 반도체 제조에 필요한 각종 장비와 재료의 규격을 제정하는 일도 수행한다.

8
일본의 득세와 몰락

　일본은 1970년대 석유 파동, 그로 인한 1980년대 조선산업의 구조 조정 등을 겪으면서 장기적인 관점에서 지속 가능한 경제개발에 대해 고민했다. 일본은 통상산업성(Ministry of International Trade and Industry; MITI)을 중심으로 향후 일본 경제를 이끌 첨단산업 분야를 찾았고, 메모리 반도체 특히 그중에서도 DRAM(Dynamic Random Access Memory) 반도체의 개발 및 생산을 그 핵심으로 판단하고 대기업 위주의 경제단체총연합회인 경단련(經團聯)의 주도로 통상산업성의 보호 아래 관련 기업을 성장시켰다. 일본 정부의 주도 아래 일본 반도체 산업은 반도체 소자 제조업체, 소자 제조 장치 제작업체, 소재 업체로 이어지는 수직적인 산업구조를 형성하였다. 이에 정부 정책뿐만 아니라 일본 산업계의 폐쇄적인 재벌 문화까지 더해져서 미국산 제조 장치나 소재들이 일본 반도체 제조업체의 라인에서 자취를 감추면서 규모의 경제와 산업 파생 효과라는 두 마리 토끼를 다 잡을 수 있었다. 이런 환경에서 반도체 관련 투자와 연구 개발에서 당시 반도체 시장에서 경쟁하던 미국을 압도하게 되었다. 그 결과 미국의 반도체 기업과 비교해 수율도 높을 뿐만 아니라 무려 10%나 저렴한 가격에 반도체 메모리 제품을 시장에 내놓을 수 있었다. 여기에 당시 저평가돼 있던 엔화 환율, 값싼 노동력도 유리한 수출 환경 조성에 힘을 보탰다. 이렇게 일본 반도체 산업은 1980년대 초중반 세계 시장을 거침없이 잠식해 나갔다.

미국의 메모리 반도체 관련 인재들은 모스텍(Mostek)이란 회사로 몰려들었으나 이 회사는 곧 파산하고 마이크론(Micron Technology)을 설립하였다. 1984년까지만 해도 미국은 모토로라, 인텔, 마이크론 등을 앞세워 전 세계 반도체 산업을 주도하고 있었고 레이건 행정부의 경제 성적도 좋았지만 1985년을 변곡점으로 상황이 크게 반전되었다. 이전까지 세계 반도체 시장을 양분하던 미국과 일본 사이의 균형이 깨진 것이다. 제2의 진주만 공습에 비유될 정도의 일본산 반도체 수출이 미국 반도체 산업에 치명타를 입혔고 미국산 전자기기에 일본산 반도체 메모리 사용이 급증했다. 빠른 기간에 우후죽순 늘어난 일본 업체들의 영향으로 세계적으로 반도체 공급이 수요를 초과하는 이상 현상도 발생하면서 메모리 가격이 폭락했다.

이를 견디지 못한 인텔 등 미국의 반도체 업체 대부분이 메모리 시장에서 완전히 철수했다. 반면 일본 기업들은 공격적인 덤핑 공세로 더욱 유리한 고지를 점하였다.

1971년도 세계 반도체 매출액 탑5(Top 5)가 TI(Texas Instruments), 모토로라(Motorola), 페어차일드(Fairchild), 내셔널 세미컨덕터(National Semiconductor), 시그네틱스(Signetics) 등으로 미국 기업 일색이었는데, 1981년으로 가면 TI, Motorola, NEC(Nippon Electric Corporation), 히타치(Hitachi), 도시바(Toshiba) 등으로 일본 기업이 끼어들더니 1991년에는 NEC, Toshiba, Hitachi가 상위 3위를 차지하였다.

1980년대 중반을 넘어서도 일본 반도체 산업의 강세가 꺾이지 않자, 미국 반도체 산업은 죽느냐 사느냐의 갈림길에 섰고 미국은 '공정 무역(Fair Trade)'이란 이름으로 일본에 대해서 우회적으로 통상 압박을 시작하였다. 1985년 미국의 반도체 산업 협회(Semiconductor Industry Association; SIA)는 무역대표부(United States Trade Representative; USTR)에 청원을 넣었다. 미국 SIA는 일본 시장의 진입 장벽, 외국산 반도체 차별, 일본 정부의 보조금 지원, 정부 주도의 반도체 투자 및 생산설비 확대 등을 문제 삼았다. 바로 뒤에 미국의 메모리 반도체 기업인 마이크론이 일본 반도체 기업인 히타치, 미쓰비시, 도시바, NEC 등 7곳을 덤핑 혐의로

USTR에 제소했다. 이어 인텔, AMD(Advanced Micro Devices), 내셔널 세미컨덕터(NS) 등 미국 반도체 업체들의 일본 업체들을 대상으로 덤핑 관련 제소가 이어졌다. 미국의 대일본 통상 압박의 정점은 상무부가 찍었다. 당시 미국의 상무부 장관은 일본 반도체의 덤핑 혐의에 대한 직권조사로 압박 강도를 한층 끌어올렸다. 직권조사란 기업들의 제소 없이도 상무부 직권으로 특정국 수출품의 덤핑 여부 등을 조사하고 이에 대해 높은 관세를 부과할 수 있는 매우 강력한 무역 제재 수단이다.

일본 정부의 로비 등 그 어떤 외교적인 노력도 양국 간 무역역조 심화와 통상갈등 등으로 예민해진 미국에 통하지 않았다. 미국의 SIA 등은 1985년에 일본 기업과 일본 정부의 반도체 대책에 대하여 덤핑 방지법(Anti Dumping Act, 1979)과 미국통상법 301조에 기초하여 협정을 제안하였다. 결국 일본은 미국과의 협상 테이블에 앉아 양자 협정문에 서명했다. '미일 반도체 협정'은 미국과 일본 간의 반도체를 둘러싼 분쟁을 해결하기 위해 1986년에 체결된 협정으로 크게 두 부분으로 구성되어 있다. 즉 (1) 미국 정부와 일본 기업 간의 협정 이른바 서스펜션 협정과 (2) '미일 반도체 조약'으로 약칭되는 미국 정부와 일본 정부 간의 협정을 의미한다. 두 번째의 정식 명칭은 '미합중국 정부와 일본 정부 간의 반도체 제품의 무역에 관한 조약(Arrangement between the Government of the United States of America and the Government of Japan concerning Trade in

Semiconductor Products)'이다. '서스펜션 협정'에 의해 일본 기업은 공정가격 이하의 가격으로 미국에 반도체 제품을 수출하지 않을 것을 약속하고, 또한 '미일 반도체 조약'에 기초하여 시장접근의 개선과 감시제도 등에 의한 덤핑의 방지가 도모되었다. 이에 따라 일본은 당시 10% 수준이던 일본 내 외국산 반도체 점유율을 1992년까지 20%로 높이고 반도체 덤핑 수출을 중단하기로 합의했으며 미국의 대일본 반도체 직접 투자 금지도 철폐해야 했다.

협정 체결 후에도 미국은 일본의 미준수를 거론하여 보복관세 부과 압박, 일본 반도체 산업 감시 등의 압박을 이어갔다. 미국은 1987년에 일본 정부가 '미일 반도체 조약'을 준수하고 있지 않다고 하여 통상법 301조에 기초한 보복을 가하였다. 한편, 유럽 공동체(EC)는 '미일 반도체 조약' 중 제3국 시장가격의 감사를 정한 부분을 가트(GATT) 협정 위반으로 WTO(World Trade Organization)에 제소하고 EC의 주장을 인정하는 소위원회 보고가 채택되었다. 1991년 상기 '미일 반도체 조약'은 기한이 만료되어 종료하였지만, 이것을 대신하여 제2차 '미일 반도체 조약'이 체결되었으며, 동 조약에서는 가트 소위원회 보고를 고려하여 제3국 시장의 감시제도는 폐지되었다. 제2차 '미일 반도체 조약'은 1996년에 기한이 만료되어 종료되었다.

실제로 '미일 반도체 협정'이 체결되기 전까지는 일본 정부가 반도체 국산화를 위해 미국 반도체 업계의 일본 투자를 의도적으로 방해하면서 정작 일본 기업들은 미국 내에 공장을 건설하고 위기에 빠진 미국 반도체 기업을 매수하려고 시도하는 이중적인 행보를 보였다. 일본 제품의 경쟁력에 힘입어 큰돈을 번 일본의 기업들은 미국과 유럽에서 무차별적으로 부동산과 기업을 사들였다. 특히 1986년 후지츠(Fujitsu)의 페어차일드 반도체 인수 시도는 미국 정가에 큰 분노를 불러일으켰다. 이렇듯 일본은 자국 산업의 육성을 빌미로 대놓고 미국을 상대로 보호무역을 가했다. 그래서 미국이 부당하게 일본을 상대로 통상 압력을 가했다고 생각할 수는 있겠지만 실상은 이런 이유로 경제 논리에서 미국이 더 이상 부당한 대우를 받지 않아야 한다는 것도 있었다.

원래 미국과 일본은 친한 나라였다. 유럽의 제도와 문명을 받아들여 미국보다 근대화에 먼저 성공한 일본은 남북전쟁 등 내부 의사 정리하느라 늦게 세계열강에 합류한 미국을 상대로 진주만 기습이라는 오판을 통하여 세계 2차대전에서 서로 적대국이 되었다. 그 이전에는 태프트–가쓰라 밀약 등을 통하여 태평양 연안에서 파트너 관계였다. 세계대전의 전후 처리에 고민하던 미국의 정책입안자들은 소련과 그 공산주의 위성국가를 포위한다는 의미에서 일본을 자기 진영으로 온전히 만들기 위하여 전범국인 일본을 대신하여 한반도를 소련과 반분한 바 있다. 특히 일본 제국주의 정부의 공산주의자 박멸 정책이 미국의 정책입안자들에게는 큰 유혹이었을 것이다. 소련으로 보아서도 반공주의의 일제보다는 공산주의자가 많았던 한반도를 분할하는 게 유리하다고 판단하였다. 일본은 세계대전 이후에 소련과 중공을 견제하기 위하여 자국의 안보를 미국에 크게 의존할 수밖에 없었다. 일본은 한국전과 월남전을 통하여 자국민의 참전 없이 미국의 도움으로 패전국에서 경제 대국으로 성장할 수 있었다.

태평양 전쟁 때 상대 비행기나 함정에 부딪히는 자살적인 공격을 감행하는 가미가제(神風) 특공대를 생각하면 일본이 쉽게 전쟁에 항복하지 않을 것이란 판단 아래 원자폭탄을 두 번이나 사용했다. 일본이 전쟁에 항복한다고 할지라도 결코 미국 군대를 순순히 받아들이지 않을 것이라고 서양 사람들은 누구나 생각했다. 그러나 막상 일본 사람들은 공손한 얼굴로 중세의 노예들처럼 승리자를 환영했으며, 길거리에 엎드려 존경을 표했다고 한다. 가미가제 특공대와 함께 또 한 번 세상을 놀라게 한 일본인의 두 얼굴을 처음에는 서양 사람들이 이해하지 못하였다고 한다. 이렇듯 일본은 미국과의 경제 전쟁에서도 결국은 백기를 들 수밖에 없었다.

1996년 이 협정의 종결 당시 미국은 목표한 일본 내의 미국산 반도체의 점유율을 이뤄냈지만 일본 반도체는 이미 회생 불능 상태였다. 이때를 기점으로 하여 일본 반도체 기업들은 소재, 제조 장치 이른바 '소부장' 중심으로 산업이 재편되고 세계적인 메모리 제조 전방 반도체회사들은 르네사스나 엘피다 등의 합작회사를 설립할 수밖에 없게 되었다. 합작회사 중 일부는 결국 파산했으며 삼성전자 등 한국의 기업들이 이 기회를 놓치지 않고 기술 발전을 거듭해 메모리 반도체 업계의 정상에 오르게 되었다. 만약 이 협정으로 미국이 일본에 철퇴를 내리지 않았더라면 10개에 육박하던 일본의 DRAM 제조사들이 일본 정부의 지원 아래 반도체 시장을 장악하고 삼성전자나 SK하이닉스는 지금만큼 잘 나가는 상황이 아니었을 수도 있다.

1995년 세계 반도체 매출은 회사별로 인텔, NEC, Toshiba, Hitachi, Motorola의 순서로 DRAM 시장에서 철수한 인텔이 마이크로프로세서 칩의 개발과 생산으로 1위에 등극하였다. 2003년의 반도체 매출실적을 보면 1위는 점유율 15%의 인텔이, 2위는 5.3%의 삼성전자가, 3위는 4.4%로 히다치와 미쓰비스가 합작한 르네사스(Renesas)가 차지하였다. 이로써 세계 반도체 시장은 비메모리의 인텔과 메모리의 삼성전자가 양분하게 되었다. 2018년에는 삼성이 약 16%로 1위로 올랐고, 인텔이 약 14%로 2위, SK Hynix가 7.6%로 3위였으며, 그 뒤는 Micron Tech, Broadcom, Qualcom, TI 순이었다. 미국의 팹리스(Fabless) 회사들이 성장하면서 최근에는 대만의 파운드리(Foundry) 전문회사인 TSMC(Taiwan Semiconductor Manufacturing Company)의 매출이 급증하여 크게 성장하였다. 비슷한 시기에 한국과 함께 반도체 강국으로 급성장한 대만은 '미일 반도체 협정'으로 누린 혜택은 거의 없는 수준이다. 거기에 일본 기업들이 전성기에도 그다지 잘하지 못했던 파운드리 쪽으로 TSMC는 특화되어서 엔비디아 같은 신흥 팹리스 기업들과 동반 성장하였다. 대만은 메모리 쪽으로는 애초에 진입도 늦은 데다 90년대 말에 일본 반도체 업체들이 대거 몰락하고 합병하는 과정에서 한국 기업들을 견제하기 위해 일본의 메모리 기술을 퍼다가 줬음에도 불구하고 성장하지 못하였다.

우리나라의 대표적인 문학평론가인 능소(凌宵) 이어령(李御寧, 1933~2022) 선생은 1982년에 '축소지향의 일본인'이라는 일본어로 쓴 책에서 일본의 반도체 메모리 제조 기술이 우수한 것은 일본 사람들이 커다란 물건을 조그맣게 축소하려는 경향이 있기 때문이라고 분석하여 큰 반향을 한일 양국에서 일으켰다. 선생은 축소지향의 모형을 여섯 가지로 분석하였다. 먼저 '동해의 작은 섬 갯벌 흰 모래밭에 내 눈물에 젖어 게(蟹)와 노닐다'라는 24자(31음)로 된 일본의 유명한 단가(短歌)에서 '의'라는 조사를 세 개 중복해 사용함으로써 넓은 동해가 작은 섬으로, 다시 모래사장과 그 속의 극히 작은 흰 모래까지 연결되고, 마지막에는 점에 불과한 게에까지 세계를 급격히 응축해 가는 수법을 취하고 있다. 이는 큰 그릇 안에 점점 작은 그릇을 끼워 넣어 가는 이레코(入籠) 형식과 상통된다. 두 번째로 접는 부채와 우산의 제조와 판매를 들 수 있다. 세 번째 예로 축소형 인형(人形)을 들고 있다. 네 번째로 밥상을 조그맣게 이동할 수 있게 도시락으로 만들고 책도 문고판이나 콘사이스 사전으로 만들어 버린다. 제5의 형태는 시간적으로 축소하는 것으로 검도 등 운동에서 준비 자세를 강조하는데 이는 연속 동작을 슬로우 모션(slow motion)으로 표현하는 영상 기술과 상통한다. 제6의 형태는 가문의 문장(紋章), 조직의 노래 등에 나타나는 상징주의이다. 이 교수는 이러한 방식으로 축소의 유형을 분류한 후에 그것들이 어떻게 조합되어 하나의 구조로서 일본문화에 나타나는가를 조원(造園), 꽃꽂이, 다도(茶道) 등을 통하여 분석해 나갔다. 그 연장선상에서 일본 사회의 인간관계 또한 '예능의 자(座)', '마쓰리(축제)'와도 같이 '축소' 지향성을 띠고 있다고 지적한다. 기업의 QC 서클인 분임조 토의 같은 사내 조직도 일종의 '자'에 해당하며, 이러한 제도하에서 값싸고 품질 좋은 일본의 자동차가 만들어진다고 분석하였다.

9
대한민국의 출현

미국과 일본이 '미일 반도체 협정'을 조인하고 실천하는 과정에서 일본 대신에 다크호스로 등장한 나라가 한국이었다. 미국이 반도체 분야에서 한국의 성장을 인지하지 못하지는 않았지만, 한국이 반도체 분야에서 국제무대에 들어오면, 경쟁의 다각화라는 측면에서 도움이 되리라고 판단한 듯하다. 원래 한국은 반도체 제조의 후공정(後工程)인 패키지 혹은 조립공정 분야에서 반도체 산업에 뛰어들었다. 반도체 조립공정은 기술적인 특기가 별로 없고 인건비의 비중이 높다는 이유로 1960년대의 미국의 반도체회사는 이 과정의 제조를 태평양 건너에 있는 한국, 필리핀, 홍콩, 말레이시아 등으로 이전하였다. 섬유산업에서 주로 쓰던 이 추세를 off-shore manufacturing이라고 부른다. 페어차일드, 시그네틱스 등의 미국 반도체회사는 한국에 지사를 설립하고 국제공항이 가까운 서울의 서남부에 반도체 조립 생산 라인을 구축하였다. 당시의 기준으로 볼 때 이 회사들은 보수가 높았고 첨단기술을 다루므로 당연히 우수한 인재들이 몰려들었다. 이때 기술을 담당하던 엔지니어들이 한국의 반도체 산업 발전에 주춧돌이 되었다. 이렇게 인프라가 구축되면서 반도체 조립을 전문으로 하는 한국 회사도 생겨났다. 아남(亞南)반도체가 대표적인 예로서 서울의 성수동과 그 후에 경기도 부천시가 반도체 조립 산업의 메카가 되었다.

당시 한국은 경공업에서 중화학공업으로 진출을 모색하던 차에 제품이 크지는 않으나 전자 제품에 꼭 필요한 반도체 산업이 훌륭한 후보로 떠올랐다. 당시 일본의 성장을 지켜봐 온 한국의 큰 회사들은 일본 회사 경영진의 조언을 받아 반도체 칩을 제소하는 선공정(前工程)에 주목하게 되었다. 미국의 대학에서 공부하거나 미국 회사에 근무한 경력이 있는 엔지니어들이 늘어나면서 이들을 활용하여 반도체 공장을 건설하게 되었다. 1980년대에 대기업들이 반도체 산업 분야에 뛰어들게 되는데, 반도체 전공정부터 후공정까지를 포함하는 일관 라인을 구축하고 종합반도체회사를 표방하였다. 당시의 여건상 메모리 반도체 제조에 뛰어들 수밖에 없었다. 일본과 마찬가지로 한국 정부의 여러 가지 정책이 반도체 산업의 육성에 도움이 되었다. 특히 전자공업을 육성하겠다는 의지가 확고하였다. TV, VCR 등 영상기기뿐만 아니라 냉장고, 에어컨, 마이크로웨이브 오븐 등의 백색 가전산업을 육성하여 반도체의 수요를 창조하였다. 유선전화 망을 전국적으로 깔기 위한 교환기 사업을 중심으로 한 통신 산업이 붐을 이루었고, 미국에서 불기 시작한 개인용 컴퓨터를 제조하여 공급하는 일을 우리나라가 중추적으로 담당하였다. 이 과정에서 많은 반도체 메모리가 필요하게 되었다.

웨이퍼 한 장에서 나오는 칩의 숫자와 양품(良品) 반도체 소자(칩)의 숫자 비율로 표시되는 수율(yield)이 반도체 회사의 경쟁력의 지표가 된다. 또한 이 경쟁력은 팹(fab)의 결함밀도(defect density)를 줄이는 일과 소자 크기의 축소로 실현된다. 자연히 더 큰 용량의 DRAM(dynamic random access memory) 칩의 출시와 최소 선폭의 크기를 줄이는 경쟁에 불이 붙었다. 이런 소자의 축소화는 설계 자동화와 제조공정의 발전으로 실현되고 지속적인 제조 장비의 도입과 연구 개발 비용의 투자가 필요하게 된다. 이렇게 됨으로써 이 사업에 신규로 진출하려면 많은 자본의 필요하게 되어 진입 장벽이 아주 높아졌다. 메모리 반도체 칩의 구조와 작동 원리가 변천하면서 이를 기술적으로 추적하기도 어렵게 되었다. 결국 삼성전자(Samsung Electronics)는 반도체 분야에서 성공하여 세계적인 회사로 성장하였다. 하이닉스(Hynix) 반도체 회사도 어려운 여건 아래에서 자본 구조의 변화를 겪으며 고군분투하여 세계 반도체 메모리 시장에서 생존하고 있다. 이렇게 한국의 반도체 제조공정 분야가 활기를 띠면서 관련되는 장비와 소재 관련된 외국 회사들이 밀려왔다. 세월이 지나면서 반도체 제조 분야에서 국내의 부가가치 기여 요인이 적다는 지적과 함께 외국 회사들의 횡포로 자체적으로 장비와 소재의 개발 필요성이 제기되었다. 엔지니어들의 실력도 향상되어 자체 장비와 소재를 개발하려는 노력이 서서히 결실을 맺고 있다.

일본이 반도체 시장에서 돌풍을 일으킨 게 그들의 축소 지향적인 성격 때문이라고 우리의 석학 이어령(李御寧, 1933~2022) 선생이 진단한 바 있다. 우리나라가 일본의 뒤를 이어 반도체 강국이 된 데는 우리의 우수한 공간 인지력 덕분이 아닌가 필자는 생각한다. 우리가 반도체 분야에서 선전하는 동안에 스포츠 분야에서는 양궁이 세계를 제패하였고, 골프에서 우리나라 선수들의 활약이 돋보였다. 이 운동들은 활이나 공을 바깥으로 힘껏 내살리고 표적에 멍중시키거나 정해진 타수(打數) 이내에서 홀에 공을 집어넣는 방식으로 진행이 된다. 양궁의 경우 대표선수 선발 방법의 투명성과 골프의 경우 개인의 수입과 바로 연결되는 프로 근성을 성공의 원인으로 꼽기도 하지만 우리나라 선수들이 이 운동에서 두각을 나타내는 이유가 무엇일까?

이 분야의 선수들은 평소에 연습을 많이 하여 어느 정도 수준이 되어야 국제대회에 출전할 수 있다. 이들은 본 대회 전에 대회가 열리는 곳을 가 보고 직접 연습 라운드를 경험한다. 이때 이들은 대회장의 지형지물을 익히고 바람의 방향이나 속도 등을 파악해 둔다. 본 대회에 임해서는 그들은 흔들림 없이 자신의 작전을 펼친다. 선수들은 평소의 연습대로 골프채를 스윙하거나 화살을 당긴다. 선수들은 공이나 화살이 날아가는 궤적을 머리로 그리면서 몸이 거기에 맞게 자동으로 반응하여 아주 루틴(routine) 동작으로 공이나 화살을 앞으로 밀어낸다. 눈과 머리와 손, 어깨 등 온몸이 유기적으로 움직여야 그날의 경기를 장악할 수 있다. 그때그때 바람 등의 기후조건에 맞춰서 손목이나 어깨를 조정하기도 하나, 이를 과도하게 사용하여 그날의 경기를 망쳤다고 이야기하는 선수들의 말도 종종 듣는다. 주말 골퍼 같은 일반인 중에도 유난히 공간 인지 능력이 뛰어난 사람을 종종 발견한다. 이들의 점수가 좋은 점은 차치하고, 이들은 동반자의 볼을 필드 내에서나 OB(out of bound)가 나도 유난히 잘 찾는다. 시력이 좋고 나쁨을 떠나서 공이 날아간 방향과 착지 지점을 정확히 파악하고 있다는 이야기이다. 이런 사람이 끼어 있으면 담당 캐디는 그날 아주 마음고생이 심하다.

자연계 연구자에게는 물체의 단면 구조를 보는 게 필요하다. 반도체 소자의 개발 과정에서 아무리 축소하더라도 배율이 좀 다를 뿐 기본 구조는 변하지 않는다. 주어진 작은 공간 내에 단위 소자를 몇 개를 어떤 구조로 집어넣을 수 있는지 머리로 파악하는 능력이 우리나라 연구자들에게 출중하다. 단위 소자들을 이차원이 아닌 삼

차원으로 배열하는 기술을 우리나라 연구자들이 개발하여 특허로 등록하였다는 유명한 이야기가 있다. 이를 구현하는 공정 기술도 우리나라 기술자가 월등하다. 제조된 반도체 칩의 단면을 주사전자현미경(scanning electron microscope; SEM)으로 확대하여 관찰하는데, 우리 연구자들은 이 과정을 머리로 훤히 꿰뚫고 있다. 오늘날에는 FIB(Focused Ion Beam) 장비로 잘못된 구조의 반도체 칩을 수정하는 과정에 활용하는데, 우리 연구자들은 머리에 이 과정이 일대일(一對一)로 제대로 파악되고 있다. 이런 기술(skill)이 의술에도 그대로 적용되어 우리나라 의사들의 실력이 세계적으로 일류이고 세계적인 명의가 탄생하고 있다. 우리 몸을 진단하는 의사나 임플란트를 이식하는 치과 의사는 SEM 등의 영상의학과 자료를 근간으로 신체의 구조와 병리적으로 문제가 되는 장기를 머리로 정확하게 파악하고 시술하니까 세계적으로 이름이 나게 된다.

우리 민족이 공간인지 능력이 뛰어나다는 사실은 역사적으로 증명된 것이다. 대표적인 예로 충무공 이순신(李舜臣, 1545~1598)의 명량해전(鳴梁海戰)을 들 수 있다. 전라좌도 수군절도사로 임진왜란을 맞은 이순신은 왜란 초기에 옥포대첩, 한산도대첩 등으로 혁혁한 공을 세워 1593년 삼도수군통제사에 제수되었다. 당시 조선의 수군 조직은 한양에서 남쪽을 내려다보아 오른쪽 즉 동쪽으로 지금의 부산 근처에 경상좌수영이 있고 거기서부터 남해안을 따라 서쪽으로 가면서 경상우수영, 전라좌수영, 전라우수영이 있어서 남해안의 수비와 경계를 담당하였다. 사령부 격인 각 수영(水營)의 위치는 동쪽부터 차례로 대략 부산 수영구, 경남 통영(거제), 전남 여수, 전남 해남이었다. 서해안은 충청수영 담당이었는데, 그 수영은 지금의 오천이었다. 우리나라는 산지가 많고 사람이 사는 고을이 모두 강가를 중심으로 발달하였고, 각 고을에 필요한 물자는 바다와 강을 오가는 조운(漕運)에 크게 의지하였다. 수도인 한양의 물자도 남해안과 서해안을 거쳐 한강을 통하여 배로 운반되었다. 그만큼 경상도, 전라도, 충청도를 아우르는 삼도(三道)의 수군 통제권이 중요한 위치를 차지하였다.

이순신이 삼도수군통제사에 제수됨은 경상도, 전라도, 충청도를 모두 관할하는 수군의 사령관이 되었다는 의미이다. 이순신은 육군과 수군을 통솔하는 총사령관인 도원수 밑에 수군을 담당하는 차하위의 병권을 쥐게 되었다. 그러나 경상좌도 수군절도사인 원균(元均, 1540~1597)은 자기가 나이도 많고 선배라는 점을 내세워 불만을 갖고 있던 것으로 보인다. 교착화된 전세에서 초기의 승전보 이후 별다른 승리의 보고가 없자 선조는 이순신의 전략을 불신하기 시작했으며 왜군에 대한 적극적인 공격을 이순신에게 지시하였다. 조정의 지시와는 달리 이순신은 왜군의 유인작전에 걸려들 위험이 있다고 판단하고 선제공격을 신중하게 생각하였다. 결국 1597년 삼도수군통제사에서 해임되어 원균에게 직책을 인계하고 한성으로 압송되어 투옥되었다. 일부 신하의 만류로 사형은 면하고 도원수 권율(權慄, 1537~1599) 밑에서 백의종군하라는 명령을 받고 권율의 사령부가 있는 경상남도 합천의 초계로 이동하였다.

삼도수군통제사가 된 원균의 조선 수군은 1597년 음력 7월 15일 경상남도 거제도와 칠천도 사이의 해협인 칠천량(漆川梁)에서 왜군의 기습을 받자, 원균은 막다른 해협으로 함대를 몰아넣고, 함정을 스스로 불사르고, 육지로 병력을 내려 흩어지게 해 모두 학살당하게 한 자승자박(自繩自縛) 작전으로 크게 패전하였다. 원균 자신도 육지로 도망가다가 죽은 것으로 알려진다. 이 해전으로 힘의 균형이 깨지면서 왜군이 움직이기 시작하였다. 즉 정유재란이 시작된 전투이다. 이 패전으로 망연자실한 조선은 이순신을 7월 22일 삼도수군통제사로 다시 임명하였다. 백의종군하던 이순신은 권율의 명령으로 경상 우도를 정리하고 진주에서 8월 3일에 임금의 교지를 직접 수령(受領)하였다. 이후 이순신은 구례, 곡성, 순천, 낙안, 보성, 장흥, 회령포 등으로 서쪽으로 이동하며, 9월 15일까지 전라 좌도를 정리하고 군졸들을 불러 모아 함대를 재규합하는 등 수군을 재건하였다.

왜군은 칠천량 해전에서 너무 뜻밖의 대승을 거두었다. 조선 수군이 한산도로 돌아가 수비하리라고 생각했으나 이순신은 이 짧은 한 달여의 시간 동안에 경상 우도의 각 고을에서 서쪽 전라도로 백성들을 피난시키고 물자를 옮겼다. 왜군은 조선 수군이 와해(瓦解)

되어 사라졌고, 한산도 통제영도 스스로 태워 없앴음을 알게 되자 8월부터 대대적으로 서진하여 '전라도 공략전'에 나서게 된다. 이에 선조는 이순신에게 수군을 폐지한 뒤 권율의 육군 진영에 합류하라고 하지만, 이순신은 '신에게는 아직 12척의 배가 있습니다'라는 말로 반론을 제기한다. 이순신의 난중일기를 보면 9월 들어서는 비와 바람에 대한 기록이 거의 전부이다. 서진한 왜군 수군은 9월 7일 벽파진 해전으로 추격하여 명량에 초라한 13척의 조선 수군과 마지막 보루인 전라우수영이 해남에 있음을 확인하였다. 왜군 수군은 9월 16일 보름의 물살을 따라 조선 수군의 마지막 보루인 명량 앞바다로 들어온다.

이런 불리한 판세를 머리에 인식하고 있는 이순신 휘하의 장졸들은 9월 15일에 전투가 임박했음을 알고 전투태세를 가다듬었다. 명량(鳴梁)은 우리말로 '울돌목'으로 전라남도 해남과 진도 사이에 있는 좁은 해협으로 물살이 빨라서 짐승 우는 소리가 난다고 해서 붙여진 이름이다. 이순신과 그의 참모들은 병선과 병졸의 열세를 이런 지형지물을 이용해서 극복하고 왜군을 무찌를 작전을 짰다. 조선 수군은 오랫동안 상대의 화력을 견디며 싸울 준비를 했고, 적은 수의 함선으로 울돌목을 등지고 싸울 수는 없다고 판단한 이순신은 진영을 울돌목 너머에 있는 해남의 전라우수영으로 옮기고 장수들을 불러 모아 '죽고자 하면 살고, 살고자 하면 죽는다(必死卽生 必生卽死)'의 자세로 싸우기를 당부한다. 조선 수군은 900여 명, 노를 젓는 인원을 포함하면 대략 2,000여 명으로 추산되며, 함선은 판옥선 기준으로 총 13척이었다. 일본은 7,200여 명의 군졸들이 330척의 배를 갖고 있었는데, 133척의 배가 좁고 물살이 아주 빠른 울돌목에 들어왔다가 우왕좌왕하다가 30여 척이 조선 수군에 의해 격침되었다. 30배에 달하는 열세를 극복하고자 전투 시작 전에 적선(賊船)을 분산하도록 만들 목적으로 좁은 해역인 울돌목을 격전지로 선정한 이순신의 전술적 혜안이 돋보인다.

운명의 음력 9월 16일 아침 날씨는 맑았다. 수많은 왜선이 접근해 온다는 초병들의 보고가 들어오고 이에 이순신은 판옥선 13척을 이끌고 울돌목으로 나섰다. 울돌목 앞바다에서 보잘것없는 조선 수군의 잔존 전력과 조우(遭遇)한 왜군함대는 절대적인 수적 우위를 자신하듯이 포위진을 짜고 돌격해 들어왔다. 이순신이 생각했던 유인섬멸전을 실시할 수 없는 상황이 되면서 이순신이 탄 대장선은 돌격해 앞으로 나아갔다. 왜군은 전투지의 지형적인 사정으로 큰 배에서 작은 배로 갈아타고 일제히 돌격하였다. 그러나 이것은 모두 이순신이 노린 대로였다. 전투 초반에는 조선 수군의 장졸들이 수수방관하다가 이순신의 호통과 회유로 전투에 참가하고, 울돌목의 물살도 점차 가라앉기 시작하였다. 이후 물살이 반대로 바뀌어 전황이 조선 수군 측에 크게 유리해졌고 왜선들이 역류를 맞으며 서로 엉키고 부딪치며 침몰하기 시작하였다. 혼란에 빠진 왜 함대는 뒤로 돌려서 빠져나가기도 힘든 상태가 되어 버렸다. 이윽고

정오가 되어 물살의 방향이 바뀌게 되자 조선 수군의 전선(戰船)들이 일제히 왜선을 공격하여 조선 수군이 승기를 잡았다. 오후 1시경이 되자 완전히 조수가 바뀌어 물살이 역으로 빨라지면서 왜 함대는 공세 능력을 모조리 상실하고 일부 지휘관이 전사함으로써 지휘통제 체계가 완전히 무너졌다.

칠천량에서 조선 수군을 전멸시킨 왜군은 제해권 확보 및 수륙병진으로 주도권을 장악하려고 했으나, 명량해전에서의 패배로 일본 수군의 진격이 좌절되었을 뿐 아니라 보급로 차단으로 왜 육군이 전면 후퇴하게 되었다. 이 전투의 승리로 조선은 곡창지대인 전라도를 지키고 해로를 차단하여 한양으로 진격하려는 왜의 의도를 분쇄함으로써 정유재란을 끝내게 되는 계기가 되었다. 군함과 병력의 열세에도 불구하고 지형지물을 이용하여 왜군을 격파한 이순신의 지략으로 백척간두의 나라를 지키게 되었다. 명량해전은 우리 민족의 공간인지 능력이 탁월함을 보여 준 역사적인 사건이라고 필자는 생각한다.

10
중국의 오판

원래부터 소비에트 사회주의 공화국 연방(Union of Soviet Socialist Republics; USSR) 이른바 소련은 미합중국(United States of America: USA) 이른바 미국의 적수가 되지 못하였다. 제2차 세계대전에서 독일, 이탈리아, 일본을 상대로 미국은 연합국 가운데 중심적인 위치에서 전쟁의 승리를 주도하였다. 전후의 세계 전략을 미국의 정책입안자들이 짜게 되는데, 소련이 같은 편인 연합국의 일원이라는 게 신경 쓰였다. 전후에 세계가 공산주의 진영과 자본주의 진영으로 양분되리라고 볼 때, 체질적으로 공산주의를 싫어하는 미국으로서도 같은 전승국인 소련을 홀대할 수 없었다. 소수 민족인 조지아 지방 출신으로 소련의 절대권력자인 스탈린(Joseph

Stalin, 1879~1953)에게 전후에 소련이 원하는 지역을 선택하도록 하는데, 그는 소련과 같은 편으로 동유럽과 중국, 북한, 북베트남을 선택한다. 이를 이른바 공산권이라고 부르고 전후 미소의 대결을 냉전(cold war)이라고 부른다. 영국의 어느 정치가가 철의 장막(iron curtain)이라는 말을 처음으로 썼다고 하는데, 전후에 세계를 양분한 미국의 정책입안자들이 소련을 철의 장막 안으로 묶어 놓았다.

미국은 세계 제2차대전 중에 미군을 지휘한 육군 원수(General of the Army)로 국무장관 마셜(George Marshall, 1880~1959)이 주도한 마셜 플랜(Marshall Plan)이라는 유럽 부흥 계획(European Recovery Program; ERP)을 세워 전후 서유럽의 동맹국들의 재건을 위해 많은 재정적 지원을 쏟아붓고, 북대서양조약기구(North Atlantic Treaty Organization; NATO)를 결성하였다. 소련도 이에 맞서서 동유럽의 위성국가들을 묶어 동맹을 결성하고 여러 가지 경제 원조를 실행하였다. 아시아 지역에서는 중화인민공화국이라고 대륙이 공산화되었고 곧이어 한국전쟁이 발발하였는데 미국은 유엔이라는 국제적인 조직과 일본을 이용해서 공산권의 팽창을 막아 내었다. 동남아시아 지역에서는 베트남을 중심으로 공산권이 팽창하려고 했는데 이를 막아 보려고 미국은 월남전을 수행했지만 실패하였다. 베트남을 포기하기로 마음먹은 미국의 정책입안자들은 새로운 정책을 수립하게 되었다. 1969년에 집권한 닉슨(Richard M. Nixon, 1913~1994)은 키신저(Henry A. Kissinger, 1923~2023)의 조언으로 중국과 외교관계를 수립하기 위하여 1972년 중국을 방문하였다. 이는 월남전 패배 후의 세계 질서 재편을 위한 정책 전환의 하나로, 근본은 공산권의 확장을 막기 위한 것이었다.

이러한 국제 질서의 변화는 중국 지도층의 결단이 필요하였다. 그중에서 중화인민공화국 국무원 총리 저우언라이(周恩來, 1898~1976)와 덩 샤오핑(鄧小平, 1904~1997)의 역할이 컸다. 특히 덩은 마오쩌둥(毛澤東, 1893~1976)과 저우 사망 후에 지속적인 정책 추진에 큰 힘을 보탰다고 알려진다. 이러한 변화에는 그 결실을 보기까지 오랜 시간이 필요하다. 덩은 젊은 시절인 1920년에 프랑스로 유학을 떠나 그곳에서 노동운동과 사회주의를 배웠다. 그는 르노 자동차 회사에서 트랙터를 만드는 노동자로 일했다고 하는데, 자본주의 국가에서 노동의 경험은 자본주의가 어떻게 돌아가는지 이해하는 중요한 계기가 되었을 것으로 심작된다. 덩이 저우를 만난 때도 바로 이 시기이다. 그때 두 청년은 조국 중국의 미래를 위해 같이 고민하지 않았을까 생각한다. 베트남의 호찌민(胡志明, 1890~1969)도 젊었을 때 미국의 뉴욕이나 보스턴에 거주했을 뿐만 아니라 1920년대에는 프랑스 파리에 유학하여 공산주의 운동을 한 사람이다. 덩은 그 당시에는 유럽에서 사회주의에 매료되고 뒤에 소련으로 유학하여 공산당원이 되어 중국으로 돌아와서는 마오의 휘하에서 여러 직책을 수행한다. 문화대혁명 시절 한때 실각하는 등 고생을 하나 오뚜기처럼 부활하여 중국 공산당 중앙군사위원회

주석, 정치국 상무위원, 중앙 고문위원회 주임을 겸직하며 최고 정치 실력자로 중국의 개방정책을 진두지휘한다. 덩의 개혁의 목표는 농업, 공업, 국방, 과학기술의 현대화인데 그 전략의 하나가 중국식 사회주의의 확장이다.

한편 공산국가의 맹주가 된 소련으로서는 그 지위를 유지하기 위해서 들여야 하는 대가가 무척 크다는 점을 뒤늦게 깨달았다. 여러 소수 민족을 통합한 연방인 소련을 유지하기도 어려웠고, 위성국가들에 경제적인 도움을 주면서 자기 정책에 순응하게 하기도 버거웠다. 결국 고르바초프(Mikhail S. Gorbachev, 1931~2022)는 이를 깨닫고 1991년 소련을 해체하고 미소 간의 냉전을 끝냈다. 소련의 중심이었던 러시아공화국이 탄생하였고, 중앙아시아의 여러 나라가 독립 국가가 되었다. 그리고 동유럽의 위성국가에 대한 영향력도 의식적으로 풀었다. 당시 동유럽에 파견되었던 소련 정보기관의 수장이었던 푸틴(Vladimir Putin, 1952~)은 옛 소련의 영광을 재건하겠다고 옛날 위성국가였던 우크라이나와 지금 전쟁하고 있다. 미국과의 개방정책으로 경제적인 대국이 된 중국은 세월이 흘러 시진핑(習近平, 1953~)이 국가 주석이 된 뒤에 새로운 중국의 미래상을 설정하고 장기 집권을 도모하고 자신의 권력을 강화하고 있다.

닉슨이 베이징을 처음으로 방문한 지도 50년이 넘었다. 그동안 중국의 경제적인 성장을 살펴보면 초기에는 일본의 자본과 기술을 유치하기 위해 노력하였다. 중국에서 투자한 자본의 회수가 제도적으로 어렵게 되어 있음을 발견한 일본의 대기업들이 추가적인 투자를 보류하고 있는 사이, 경제적으로 성장한 한국의 기업들이 그 자리를 대신하였다. 초기에는 공장 건설 등에 여러 특혜를 주고 중국의 내수 시장과 수출 규모가 엄청나다는 점에 한국의 기업들이 솔깃하였지만, 제도적으로 자본의 회수가 어렵고, 초기에는 싼 인건비가 매력이었지만 노무비도 오르고, 잘못하면 사법적으로 회사 경영자의 신변에 위협을 느끼게 되었다. 중국 공산당의 보호 아래 중국 회사들의 실력과 기술이 향상되는 점도 외국 투자자들의 선택을 어렵게 만들었다. 중국의 기업들은 전 산업적으로 제조업 분야에서 성장하여 중국이 전 세계에 공산품을 싸고 빠르게 공급하는 생산기지로 변모하였다. 때마침 미국에서 시작하여 세계적으로 바람이 분 무선 휴대전화의 조립이 중국에서 싼 가격에 공급됨으로써 전자기기의 가격을 중국이 좌우하게 되었다. 아울러 중국의 기업은 자신의 제품을 개발하려는 노력을 기울여 성공하기 시작하였다. 당황한 미국은 중국 기업이 지적재산권을 무시하고 모방을 일삼고 있다고 경고하였지만, 시장에서 실제적인 이득을 보고 있었다.

자신감이 넘치는 중국은 반도체 산업 분야에서도 욕심을 부렸다. 그동안 반도체 분야의 생태계도 크게 바뀌어 반도체 공장을 신규로 건설하고 유지하는 데 많은 돈이 들었다. 대미 수출로 돈이 많아진 중국 정부는 큰돈을 투자하면 반도체 산업에서도 성공한다고 생각하였다. 삼성전자 등에 중국 현지에 팹을 짓도록 하는 한편 여러 중국의 기업들이 반도체 공장을 짓고 공정 장비를 사들였다. 그러나 제 성능을 갖는 반도체 칩이 경쟁력을 갖춘 수율을 유지하며 생산되지 못하였고, 한국이나 대만의 팹과의 경쟁에서 뒤져 있다는 점을 깨달았다. 이를 개선하기 위하여 미국에서 공부한 기술자들에게 의존하였으나 이들의 유치에 크게 성공하지 못하였다. 이러한 노력의 도중에 미국의 새 정권들은 중국의 반도체 분야에서의 비약을 눈여겨보고 제동을 걸기 시작하였다. 반도체 동맹을 새로 구축하고 중국을 사방에서 포위하기 시작하였다. 반도체 산업에 필요한 장비나 소재의 공급망 구조를 들여다보고 중국에 이것들을 공급하지 못하도록 하고 있다.

지난 50여 년 동안에 세계 반도체 산업의 생태계에도 큰 변화가 있었다. 처음에는 후공정인 반도체 조립 분야에만 위탁생산을 의뢰하였지만, 반도체 칩 제조 비용이 많이 들어감에 따라 반도체 제품 생산 판매 업체가 웨이퍼 상의 칩 제조공정을 외주로 주는 팹리스 반도체 회사가 늘어났다. 이러한 팹리스 회사의 칩 제조공정을 위탁받는 일을 파운드리(foundry)라고 한다. 이 말은 주물(鑄物) 혹은 주조(鑄造)라는 뜻인데 금속 제품 공정에서 용융 상태의 금속을 주형(鑄型)에 부어 원하는 입체의 금속 가공물을 제조하는 과정을 뜻한다. 반도체 회로 설계자가 파운드리 할 팹 공장의 프로세스를 잘 알고 포토마스크(레티클)를 제작하여 팹에 넘기면 주조 공장에서 주물을 찍어내듯이 순서대로 제작하면 최종 반도체 칩 완제품이 나온다는 점에서 그렇게 이름을 붙였다. 오늘날 파운드리로 유명하고 세계 유수의 회사로 성장한 회사가 타이완의 TSMC(Taiwan Semiconductor Manufacturing Company)이다. TSMC는 미국의 반도체 회사가 팹리스로 종국에는 간다는 경향을 파악하고 모리스 창(Morris Chang, 張忠謀, 1931~)이 타이완 정부의 도움으로 1987년에 세운 회사이다.

창은 중화민국 반도체의 아버지로 불리기도 한다. 그는 중국 본토 저장(浙江)성 닝보(寧波)의 부유한 집안에서 태어났다. 그의 가족은 국공내전, 중일전쟁 등을 피해 여러 곳을 옮겨 다니다가, 홍콩을 거쳐 미국에 이민하였다. 그는 어릴 때부터 철학과 인문학에 관심이 많아, 1949년 하버드 대학교에 들어갔으나 현실적 이유로 인해 MIT로 전학하였다. MIT에서 기계공학 학사(1952), 석사(1953) 학위를 받았다. 석사 졸업 후에 전력공급장치 제조사인 Sylvania Electronic Products에 취직해 3년간 일하고, 1958년 Texas Instruments(TI)로 이직하여, 20년간 반도체 개발 및 제조공장에서 근무하며 1972년 반도체 부문 부사장, 1978년 그룹 전체 부사장 자리까지 올랐다. TI에 재직 중 회사의 지원 아래, 스탠퍼드 대학교에서 1964년 전기공학으로 박사학위를 받았다. 1983년 General Instrument(GI)로 이적하여, 최고운영책임자(COO)로서 연구 개발 업무를 담당했다. 중화민국 정부로부터 산업기술연구원(Industrial

Technology Research Institute; ITRI) 원장직 제안을 받고, 1985년 타이완으로 옮겼다. 당시 중화민국은 1979년 터진 2차 오일쇼크로 인해 경제 위기를 맞은 직후였다. 그는 중화민국의 산업구조가 팹리스 반도체 업체로부터 제조를 위탁받아 생산을 전담하는 파운드리 사업 모델에 적합하다고 판단하고, 1987년 TSMC를 창업했다. 이후 회사는 미국, 일본, 한국의 종합반도체 회사 사이에서 고생하다가 브로드컴, 마벨, 엔비디아 등의 미국 팹리스 업체가 TSMC에 반도체 칩 제조를 주문하면서 성장하기 시작했다. 최근에는 세계 반도체 매출 1위 자리를 넘보고 있으며, 미국과 일본 등에 새로운 팹을 건설하고 있다. 그는 2005년 74세에 고령을 이유로 은퇴했지만 2009년 금융 위기로 인해 회사 매출이 급락하자 회사에 복직했다. 이후 그는 2018년 87세의 나이로 은퇴했다.

미국 반도체 업계에서 활약하는 두 명의 대만 출신 기술자가 유명한데, 바로 엔비디아(NVIDIA)의 CEO인 젠슨 황(Jensen Hwang, 黃仁勳, 1963~)과 AMD의 CEO인 리사 수(Lisa Su, 蘇姿丰, 소자봉, 1969~)이다. 타이완 타이난시에서 태어난 황은 9살 때 미국 켄터키주로 이민하여 살았으며 이후 오리건주에 정착했다. 1984년 오리건 주립대학교에서 전기공학 학사학위를, 1992년 스탠퍼드 대학교에서 전기공학 석사 학위를 받았다. 대학 졸업 후 LSI 로직 회사에 들어갔고 그 뒤에 AMD(Advanced Micro Devices)의 마이크로프로세서 디자이너로 일했다. 1993년 엔비디아를 실리콘 밸리에서 공동 설립했으며 현재 CEO이자 사장으로 활동하고 있다. 그는 1999년에 공개된 엔비디아 주식의 3.6%를 소유하고 있다. 블룸버그 억만장자 지수에 따르면 2021년 4월 젠슨 황의 순자산은 143억 달러이다. 엔비디아 코퍼레이션(Nvidia Corporation)은 데이터 사이언스 및 고성능 컴퓨팅을 위한 그래픽 처리 장치(Graphic Processing Unit; GPU), 애플리케이션 프로그래밍 인터페이스(Application Processing Interface; API), 모바일 컴퓨팅 및 자동차용 SoC(System on Chip)를 설계 및 공급하는 소프트웨어 및 팹리스 반도체 회사이다. 엔비디아는 인공지능(Artificial Intelligence; AI) 하드웨어와 소프트웨어를 공급하는 업체이다. 2023년 엔비디아는 미국의 7번째 상장 기업으로 가치가 1조 달러를 넘었고, AI 기능을 갖춘 데이터센터 칩 부문의 선두 주자가 되면서 회사의 가치가 급등했다. 2024년 엔비디아는 시가 총액이 3조 달러가 넘는 세계에서 가장 가치 있는 상장 기업으로 마이크로소프트를 제쳤다. 엔비니아의 성공 이후 그는 여러 가지 상과 인정을 받았다. 그중에서 2003년 팹리스 반도체 협회로부터 팹리스 반도체 산업의 개발, 혁신, 성장 및 장기적인 기회를 주도하는 데 탁월한 공헌을 한 리더를 인정하는 모리스 창 모범적 리더십 상을 받았다. 2009년 오리건 주립대학교에서 명예 박사 학위를 받았다. 2018년 최초의 Edge 50에 등재되어 에지 컴퓨팅 분야에서 세계 50대 영향력 있는 인물로 선정되었다. 2020년 국립대만대학교에서 명예박사학위를 받았다. 미국 반도체 산업 협회(SIA)는 젠슨 황이 2021년 업계 최고의 영예인 로버트 N. 노이스 상을 수상했다고 발표했다. 2021년 시사잡지 타임(Time)에서 매년 선정하는 세계에서 가장 영향력 있는 100인 목록인 '타임 100'에 포함되었다.

한편 리사 수는 타이완 타이난시에서 태어나 2살 무렵에 미국 뉴욕으로 이민을 갔다. 그녀의 아버지는 통계학자였고 어머니는 회계사였는데 교육열이 대단히 높아서 7살 때부터 피아노, 산수, 경제 등 다방면으로 가르치면서 딸에게 큰 기대를 걸었다. 1986년 MIT에 입학하여 전자공학을 전공하였으며, 1991년 석사, 1994년 박사학위를 취득하였다. 그의 박사학위 지도교수는 그리스 출신으로 스탠퍼드대학교에서 반도체 공정 모사로 박사학위를 받은 안토니아디스(Dimitri A. Antoniadis) 교수였고 논문의 주제는 Silicon-on-insulator 웨이퍼의 제작이었다. 실리콘 웨이퍼의 표면과 하층 사이에 얇은 절연막을 추가하여 집적 회로를 제조하는 공정 기술로 고전압, 고온에서 저전력으로 빠르게 동작할 수 있는 반도체 칩 제작이 가능하다. MIT 졸업 후, TI에 들어가 잠깐 일하다가 1995년에 IBM으로 옮겨, 2007년까지 근무하다가, Freescale Semiconductor의 CTO(Chief Technology Officer)가 되었다. 2012년 IBM 시절부터 알고 지내던 AMD 이사회의 한 임원으로부터 제안을 받고 AMD의 글로벌 비즈니스 매니저(부사장) 겸 총괄 책임자로 합류하였다. 2012년 AMD는 곧 망해도 전혀 이상하지 않을 정도의 위기 상황이었다. AMD의 핵심 인력들이 다른 관련사, 경쟁사로 줄줄이 도망가는 등 최악의 상황까지 닥쳐 AMD의 끝이 코 앞으로 다가오는 것처럼 보였다. 이런 상황에서 그녀는 총괄 부사장으로 취임하자마자 적자에 시달리는 회사를 구해내기 위해서 2년간 사내에서 주도적인 역할을 맡아서 여러 가지 승부수를 던졌는데 사업다각화 전략을 세웠다. 당시 CPU 시장에는 인텔이 있었고, GPU 시장은 엔비디아가 장악하고 있었는데, AMD는 CPU와 GPU를 판매한다 해도 사후 지원에 들어가는 자금이 어마어마하므로 역량 강화에 큰 걸림돌로 작용한다고 판단하고, AMD가 CPU와 GPU 양대 시장에서 승리하고자 한다면 게임기 시장을 장악해야 한다는 결론을 내렸다. 마침내 흑자 전환에 성공하였는데, 그 공로로 2014년 AMD 이사회는 그녀를 AMD의 사장 겸 CEO로 임명하였다. 그녀는 실리콘 밸리 반도체 기업 역사상 최초의 여성 CEO다. 그녀는 CEO로 취임한 이후 스마트폰 사업 관련 고객 회사는 엔비디아, 퀄컴, 삼성이 분할하고, 노트북 시장 고객 회사는 인텔이 지배하고 있어 AMD의 제품 로드맵 실행에 어려움을 겪고 있다는 점을 지적하였다. 그녀가 AMD의 3가지 초점을 훌륭한 반도체 제품의 제작, 고객의 신뢰 강화, 회사의 슬림화에 두고 회사를 변모해 갔다. CPU 시장에서는 젠(Zen) 시리즈 제품으로, GPU 시장에서는 라데온(Radeon) 계열 제품으로 좋은 성적을 거두었다. 망한 줄 알았던 AMD를 구원한 그녀는 2019년 한 해 동안 가장 연봉이 높았던 CEO로 알려졌으며 여성으로서 최초라고 한다. 2022년 AMD 이사회에서 현직 CEO 겸 사장인 리사 수를 이사회 의장으로 선출했다고 발표했다. 젠슨 황과 리사 수가 친척 관계라는 루머가 있다. 리사 수 모친의 고종사촌 동생이 젠슨 황이어서 한국식으로 따져 황이 수의 외가 족으로 5촌 당숙이라고 한다. 처음에는 이런 사실을 두 사람 다 몰랐다가 나중에 가계 조사를 통해 친척이라고 알게 된 것으로 보인다. 젠슨 황은 9살 때 미국으로 이민을 와서 중국어를 구사할 수 있으나, 리사 수는 3살 때 이민을 왔기 때문에 중국어를 할 줄 모른다.

한자를 쓰고 중국말을 하는 중국인들은 역사적으로 오래전부터 지구 전체에 흩어져서 부와 기술을 축적해 왔다. 이런 모습은 유대인들의 예에서 볼 수 있다. 오늘날 중국 정부는 이런 중국 사람들의 역량을 모으면 세계를 석권할 수 있다고 믿어 왔고, 일부 성공한 것처럼 보인다. 반도체 분야에서도 큰 자본을 투여하고 미국 등에서 활동하는 중국인들을 모으면 반도체 굴기를 달성할 수 있다고 생각했으나 실제로는 그렇지 못하였다. 아마도 서방세계의 자유(freedom)라는 사회적 분위기가 독재적인 중국의 융성을 개인적으로 돕지 않겠다고 생각하는 듯하다.

또한 미국, 일본, 인도 등 많은 나라가 반도체 산업 분야에서 중국의 지나친 확장을 경계하고 봉쇄하려는 정책을 쓰고 있다. 그리고 미국에서는 선거에 의해 정권이 교체되고 경제와 기술 분야에서 중국과의 일전을 벼르고 있다.

양국 혹은 중국과 서방 세계 간에 관세의 문제와 개방형 인공지능 관련 앱(App)의 봉쇄로 전쟁이 시작되었으나 결국에는 반도체 기술로 승패가 갈릴 것으로 필자는 보고 있다.

제2부

반도체 기술

Semiconductor

SEMICONDUCTOR

11
n형, p형 반도체

오늘날 반도체 하면 실리콘 즉 규소이다. 옛날에는 몇 가지 금속의 산화물이나 게르마늄이 대표적인 반도체 재료였다. 반도체란 전기 전도도 값이 도체와 절연체의 중간인 부류의 재료를 말한다. 원소 주기율표에서 4족(요즘에는 14족) 원소들이 반도체의 특성을 보인다. 이들은 원소 반도체(elemental semiconductor)라고 불리며 C(탄소), Si(실리콘, 규소), Ge(게르마늄), Sn(주석, tin)으로 되어 있다. 4족 원소를 중심으로 좌우의 족(族, family)에 속해 있는 원소들이 화합물을 이루어도 반도체의 특성을 보인다. 이런 반도체를 화합물 반도체(compound semiconductor)라고 부른다. 대표적으로 GaN, GaP, GaAs, InP, InSb 등과 같이 III(3)-V(5) 족의 두 원소로 이루어진 반도체가 있는가 하면, II(2)-VI(6) 족의 원소들로 이루어진 ZnO, ZnS, ZnSe, CdSe, CdTe 같은 반도체도 있다. 개중에는 AlGaAs, HgCdTe과 같이 세 원소나 네 원소 이상으로 이루어진 화합물 반도체도 있을 수 있다.

표 1. 4(14)족을 중심으로 한 원소 주기율표

II(12)	III(13)	IV(14)	V(15)	VI(16)
	B	C	N	O
	Al	Si	P	S
Zn	Ga	Ge	As	Se
Cd	In	Sn	Sb	Te

표 1에 4족 혹은 14족에 속해 있는 원소 반도체를 중심으로 주위에 있는 원소 일부를 보였다. 원소 반도체는 상온에서 고체인 결정을 이루는데, 원자의 배열 방법은 3차원 공간에서 그림 1과 같다. 원자는 그 중심에 양(+)전기를 띠고 있는 원자핵이 있고 주위에 음(-)전기를 띠고 있는 전자가 원자번호의 수만큼 존재한다는 것이 현대 과학의 이해이다. 원자는 대부분 비어 있다고 보는데 그림 1에서는 각 원자가 영향을 미치는 영역을 원으로 표시하였고 이웃 원자와 결합하고 있다는 점을 보이기 위하여 막대로 연결하였다. 각 원자는 네 개의 이웃 원자와 결합하고 있다. 이러한 구조의 결정을 다이아몬드 입방체(Diamond Cubic; DC)라고 부른다. 그림 1에서 각 원에

해당하는 원소가 탄소로 되어 있으면 다이아몬드이다. 다이아몬드는 이 세상에서 가장 강한 재료로 알려져 있는데, 탄소 원자끼리 강한 방향성 공유결합력(covalent bonding force)으로 연결되어 있어서 그 고리를 깨기가 가장 어렵기 때문이다. 그 결합력은 주기율표에서 밑으로 내려갈수록 즉 주기가 늘어날수록 약하여진다.

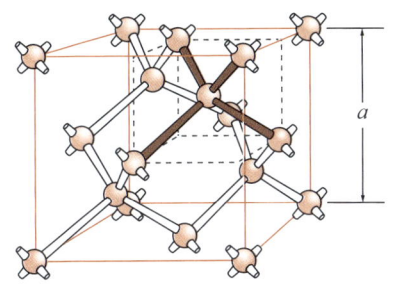

그림 1. 다이아몬드 결정 구조

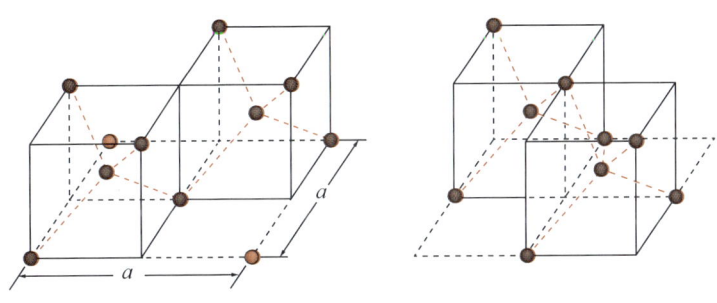

그림 2. 다이아몬드 결정 구조의 분해

다이아몬드 결정 구조를 분리해 생각해 보면 그 구조의 이해가 쉽게 될 수 있다. 그림 1의 다이아몬드 결정 구조는 그림 2의 왼쪽 그림 위에 오른쪽 그림이 얹혀 있다고 볼 수 있다. 즉 그림 1의 다이아몬드 결정 구조는 네 개의 사면체(tetrahedron)로 이루어져 있다는 사실을 알 수 있다. 다른 측면에서 보면 다이아몬드 결정 구조는 면심입방(Face Centered Cubic; FCC) 구조가 서로 겹쳐있는(interpenetrating) 구조이다. 다이아몬드 입방체에서 구성 원자가 공간을 채우는 비율은 34%밖에 안 된다. 참고로 면심입방체(FCC)나 육각조밀충전(HCP) 구조의 원자충전율(atomic packing factor)은 74%, 체심입방체(BCC)의 그것은 68%이다. 다이아몬드 입방체를 구성하는 4족 원소들은 상온에서 34%밖에 채워지지 않은 고체이다. 이렇게 낮은 원자충전율을 보이는 다이아몬드 입방체를 갖고 있는 4족 원소들이 이차전지의 좋은 음극 재료로 고려되고 있는 이유이기도 하다. 즉 방전 시에 리튬(Li) 원자가 음극으로 들어갈 때 원자충전율이 작은 재료가 유망하다.

GaAs, InP와 같은 일부 화합물 반도체 재료도 다이아몬드 입방체 구조를 이루고 있다. 두 개의 구성 원소의 크기가 다르므로 별도로 Zinc Blend 구조라는 이름으로 부르기도 한다. GaAs 결정을 대상으로 구조를 표시하면 그림 3과 같다. Ga 원자와 As 원자가 별도로 FCC 구조를 이루며 서로 끼어져 있다. Ga 원자는 4개의 As 원자와 이웃을 이루고 있고, As 원자는 4개의 Ga 원자와 이웃하고 있다.

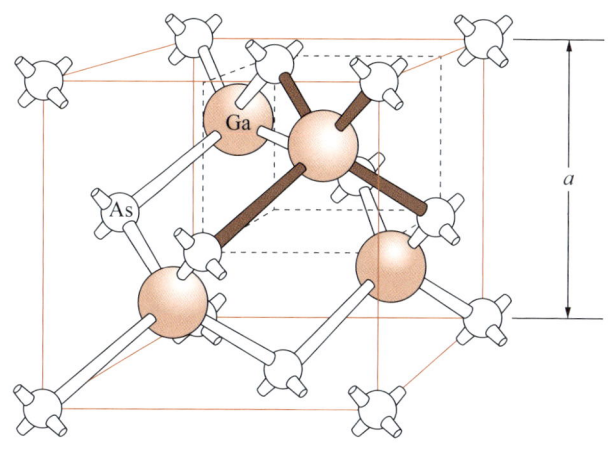

그림 3. GaAs 화합물 반도체의 결정 구조

    실리콘 같은 4족의 원소들은 네(4) 개의 이웃 원자를 갖는다. 4개의 이웃을 갖는 이유는 4족 원소들이 최외각 전자의 숫자가 4이므로 이웃에 있는 원자가 주는 한 개의 전자, 도합 네 개의 전자를 받아 자신이 가지고 있는 전자 네 개를 합쳐서 8개의 전자를 갖추어 안정화되기 때문이다. 이런 순수한 반도체를 진성 반도체(intrinsic semiconductor)라고 부른다. 여기에 최외각 전자가 3개인 3족의 원자가 불순물로 삽입되면 그 원자는 여덟 개의 전자 자리 중에 전자 하나가 없고, 최외각 전자가 5개인 5족의 원자를 불순물로 삽입하면 그 원자 주위에 전자가 하나 남아 있게 된다. 전자를 p형 반도체, 후자를 n형 반도체라고 부르고 둘 다 통틀어 외인성 반도체(extrinsic semiconductor)라고 한다. 전자가 하나 없는 상태를 정공(hole)이라고 부르며 양(+)의 전기를 띠고 있다고 해서 positive의 p

를 따서 p형 반도체라도 부르고, 전자가 하나 더 여분으로 있는 반도체를 음(-)의 전기를 띠고 있다고 해서 negative 즉 n형 반도체라고 흔히 부른다.

반도체를 n형, p형으로 분류하는 작업의 기원은 미국의 물리학자 홀(Edwin H. Hall, 1855~1938)에 의한 홀 효과(Hall effect)의 발견으로부터 시작된다. 홀 효과는 자기장 하에서 전하를 운반하는 도체에 수직으로 전압이 유도된다는 현상인데, 전자의 존재가 밝혀지지 않은 당시에 반도체의 성질을 이해하는 데 중요한 열쇠가 되었다. 홀 효과 실험을 통하여 단위 체적 당의 전하 운반체의 개수를 계산할 수 있고 반도체를 금속 도체와 구별할 수 있다. 홀 전압의 분석으로 전기전도가 이온에 의한 것인지 다른 전하 운반체에 의한 것인지를 구별할 수 있게 되어 금속의 산화물과 같은 이온성 결정 화합물이 반도체의 분류에서 제외되었다. 이온에 의한 전도의 경우 홀 효과는 아주 미미하다. 여기서 전하란 전기라는 짐인데 이를 짊어지고 가는 입자로 전자와 정공이 있다는 생각이 싹텄다. 전자는 음(-)의 전기를, 정공은 양(+)의 전기를 운반하고 있다. 전하 운반자(charge carrier)가 바로 전자와 정공이다. 바다 위에서 다량의 비행기를 싣고 가는 함정을 영어로는 aircraft carrier, 한자어로는 항공모함(航空母艦)이라고 부른다.

홀 효과를 이용한 반도체의 체계적인 연구는 1907년경에 이르러서이다. 이런 연구의 결과 반도체의 전하 운반체의 숫자는 금속의 그것보다 아주 작고 전하 이동도(mobility)는 조금 높다는 점이 밝혀졌다. 이 실험을 통하여 실리콘(Si)이 반도체로 분류되었다. 게르마늄(Ge)은 이보다 훨씬 뒤인 1925년에 반도체임이 밝혀졌다. 영국, 프랑스, 독일 등 유럽의 여러 나라보다 과학 발전이 늦은 미국으로서는 홀은 참으로 대단한 발견을 하였다. 현재 미국이 주도하고 있는 과학 및 공학계에서 홀 효과의 발견을 높이 기리고 있다. 이는 열역학 분야에서 자유에너지(free energy)의 개념을 도입한 깁스(Josiah Willard Gibbs, 1939~1903)의 업적을 높이 기리고, 교류 전기 분야에서 테슬라(Nikola Tesla, 1856~1943)의 업적을 높게 평가하는 것과 맥락을 같이 한다고 생각된다.

반도체가 n형이냐, p형이냐의 이해는 고체물리학에서 에너지 밴드(energy band) 개념을 이용하면 쉬워진다. 결성에서는 에너지 준위(energy level)의 모양에 따라 부도체, 도체, 반도체로 구별된다. 에너지 준위는 저 아래 바닥에서부터 상부에 걸쳐 있는데, 바닥부터 차례차례 빼곡하게 채워져 있다. 고체의 경우 제일 상층부의 에너지 밴드 구조에 고체의 여러 가지 성질이 관계된다. 상층부에 금지된 에너지 구역(forbidden energy band)이 존재하는데, 이 구역이 넓으면 부도체 혹은 절연체, 어느 정도로 작으면 반도체이고, 도체에는 이 금지된 에너지 구역이 존재하지 않는다. 상층부의 에너지 구역에서 진성 반도체의 경우 꽉 찬 에너지 상태의 제일 상층부를 가전도대(valence band), 에너지 금지 대역 너머를 전도대(conduction band)라고 부른다. 진성 반도체에서 온도 등의 외부 에너지에 의해 가전도대에 있는 전자가 전도대로 옮겨가면 그 자리에 정공(hole)을 남기게 된다. 외인성 반도체 중에서 n형 반도체는 5족 원소를 불순물로 집어넣어 전도대 바로 밑에 도너 준위(donor level)를 생기게 하여 전자의 에너지 준위가 쉽게 전도대로 뛰어 올라가서 전기가 잘 흐르게 한다. p형 반도체는 가전도대 바로 위에 억셉터 준위(acceptor level)를 가지고 있는 3족 원소를 불순물로 집어넣어 가전도대에 정공이 쉽게 생성되어 전기가 잘 흐르게 한다.

불순물 농도가 낮은 곧 순도가 높은 반도체 재료를 얻는 것이 한동안 큰 과제였다. 20세기 중반에 zone melting 혹은 zone refining 기술이 발명되어 이것이 가능하게 되었다. 또한 결정 결함이 아주 작은 결정을 얻는 것이 중요하다는 사실을 알게 되어 단결정 성장 기술이 개발되었다. 반도체 소자 개발의 초창기에는 정제된 실리콘에 3족 원소인 Ga이나 Al 원소를 정량하여 넣고 녹여 p형 반도체 단결정을 성장시키다가 5족 원소인 P(인) 원자를 투입하여 n형 반도체 결정을 성장시키고 다시 3족 원소를 투입하여 p-n-p 구조를 만드는 봉(rod) 모양의 grown-in diode를 제조하였다. 이러한 구조의 반도체 소자는 MOSFET 기술과 집적 회로(integrated circuit; IC) 제조 기술의 개발로 사라지게 되었다.

일반인들은 순도를 말할 때, 흔히들 불순물의 양이 몇 ppm이라고 이야기한다. 모원자(母原子) 혹은 모물질(母物質) 백 만개 중에 들어 있는 불순물의 양이 바로 ppm으로 part per million의 약자이다. 순도를 더 까다롭게 따질 때는 10억분의 몇이라는 ppb(part per billion) 단위도 동원된다. 반도체의 순도를 논할 때는 ppm으로 충분한 것 같다. 불순물의 농도는 1cc(씨씨) 당 불순물 원자의 숫자로 표시한다. cc는 cubic centimeter의 준말로 보통 액체의 체적을 나타낼 때 사용한다. 이는 입방센티미터 혹은 세제곱센티미터인데, 밑면의 길이가 1cm인 정사각형 위에 높이가 1cm인 정육면체의 부피(체적)를 의미한다. 보통 성인 남자 엄지손톱의 크기가 1cm×1cm이니까 두께 방향으로 1cm로 단지(斷指)하면 나오는 정육면체를 생각하면 된다. 보통 고체의 농도는 1cc 당 10의 21승 내지 22승의 원자 숫자 정도 된다. 반도체 불순물의 농도가 1cc 당 10의 15승 내지 17승 정도 되니까 ppm 단위이면 불순물의 양을 충분히 표시할 수 있다. 일상생활에서는 액체의 양을 표시할 때, 리터(L)라는 단위도 많이 사용한다. 1리터는 1,000cc이다. 즉 1mL(밀리 리터)는 1cc이다.

일상생활에서 무언가 일이 잘 안 풀리면, 보통 사람들은 '에이씨~'라고 말한다. 그러면 '에이(A) 다음에 비(B)지, 왜 씨(C)야!'라고 옆에서 말하는 경우가 있다. AC는 전기에서 alternating current의 약자로 보통은 교류라고 말한다. 직류는 DC(direct current)이다. CC

는 학교 내에서 사귀는 사이인 campus couple을 의미한다. 일반적으로 DC는 할인을 뜻하는 discount의 준말로 인식하고 있는데, 필자는 같은 학과나 사내에서 사귀는 사이인 department couple의 약어라고 주장하고 싶다.

반도체에 불순물을 넣는 행위를 도핑(doping)이라고 한다. 예를 들어 실리콘에 3족 원소를 도핑하면 p형 도핑 반도체(p type doped semiconductor)가 된다. 일반인들에게는 도핑이란 말이 스포츠 선수들을 대상으로 한 도핑 테스트라는 말에 익숙하다. 약물 도핑은 아는 물질을 소량 선수에게 불법적으로 투여하여 특정 기능을 높이기 위하여 실시한다. 선수들을 대상으로 하는 약물은 사전에 검증이 되어야 한다. 이처럼 반도체 도핑도 사전에 실험을 통하여 아는 물질을 정확히 통제하여 실시한다. 옛날에는 반도체 도핑을 불순물 확산 공정을 통하여 실시하였으나, 요즈음은 이온 주입기(ion implanter)를 통하여 상온에서 불순물 원자를 주입하고 간단한 확산 공정을 실시하여 도핑을 통제한다. 이러한 기술적 변화에 따라 n형이나 p형 반도체를 만드는 도핑 원소도 변화하였다.

12
물과 전기

19세기에 전기를 연구하면서 전기 현상을 물에 비유하여 생각하려는 노력이 있었다. 당시에는 힘에 관한 학문 즉 역학(mechanics)의 범주, 더 구체적으로는 유체역학(fluid mechanics)의 범주에서 전기 현상을 이해하려는 노력의 결과이다. 전류(電流, current; I), 전압(電壓, voltage; V), 저항(抵抗, Resistance; R)이라고 하여 옴(Ohm)의 법칙(V=IR)이 유도되었다. 옴의 법칙을 다르게 쓰면 I=(1/R)V가 된다. 단위 면적(A) 당에 흐르는 전류의 양을 전류밀도(current density) J라고 하고, 전압을 거리(L)로 나눈 값을 전기장 혹은 전계(electric field)의 세기 E라고 하는데, 이를 정리하면 전류밀도 J = I/A, 전계의 세기 E = V/L이다. 옴의 법칙을 다르게 표현하면 J=σE

가 된다. 여기서 σ(시그마)를 전기 전도도(electric conductivity)라고 부른다. 전기 전도도 σ(시그마)는 전기 저항도 혹은 비저항(electric resistivity) ρ의 역수이다. 즉 ρ = 1/σ이다. J = σE이므로 (I/A) = σ(V/L)라고 쓸 수 있다. 이 식을 V에 대하여 다르게 쓰면, V = (L/σA)I = (ρL/A)I = IR. 옴의 법칙을 다시 쓰면, 저항 R = ρ(L/A)이 된다. 저항(resistance, Ω)은 도선의 모양에 따라 다르게 나타난다. 여기서 ρ = R(A/L)가 되어, 전기 저항도 혹은 비저항의 단위는 Ω·cm가 된다. 전기 전도도는 전기 저항도의 역수이므로 그 단위는 1/(Ω·cm)이다. 전기 저항도나 전기 전도도는 물질의 고유한 값이다.

그 뒤에 전자(electron)의 존재가 밝혀지고, 전류가 흐르는 방향이 음(-)의 전기를 띠는 전자의 이동 방향과 정반대이고, 전자가 하나 없는 상태를 정공(hole)이라고 하여 양(+)의 전기를 전류와 같은 방향으로 움직인다고 생각하면 19세기의 선각자들이 세워 놓은 여러 가지 전기 법칙이 맞는다. 기계공학 더 구체적으로 화학공학에서 유체역학은 복잡한 수학식으로 유체의 흐름을 표현하는데, 필자가 학창 시절에 어느 화학공학 교수의 강연에서 들었는데, 유명한 유체역학 교과서를 공부한 다른 노교수가 말씀하시기를 이 책을 떼고 느낀 소감이 과연 물이 흐르는 것인지 의문을 가지게 되었다는 일화가 생각난다. 이 대목에서 최희준(1936~2018)의 유명한 가요 '하숙생'의 가사가 생각나네. '인생은 나그네 길, 구름이 흘러가듯 정처 없이 흘러서 간다.'

전기가 흐른다고 생각하는 전기공학을 바탕으로 반도체 소자의 개념도 발전하였다. 전자회로를 잘 구성하면 논리를 제대로 표현할 수 있다는 생각이 들어 진공관을 구성하는 개념과 용어가 탄생하였고 진공관을 경제적으로 개선하려는 노력으로 반도체 소자가 만들어졌다. 전류를 증폭하고 정류하는 바이폴라 접합 트랜지스터(Bipolar Junction Transistor) 소자가 처음에는 창안되었다. 지금도 아날로그 소자로 바이폴라 소자가 일부 제조되고 있기는 하지만 반도체 소자의 대세는 MOSFET(Metal Oxide Semiconductor Field Effect Transistor)이다. 우리말로 금속-산화물-반도체 전계효과 트랜지스터이며 짧게 MOS 소자라고들 부른다. MOSFET 소자는 1959년 미국의 벨 연구소에서 우리나라 출신 강대원(姜大元, Dawon Kahng, 1931~1992)과 이집트 출신 아탈라(Mohamed M. Atalla, 1924~2009)에 의해 발명되었다. 현대 전자회로의 기본 빌딩 블록이다. 후대의 연구에 의하면, 여기서 금속은 폴리실리콘이면 되고, 실리콘의 산화물이 좋은 유전적인 성질을 보이나, 뒤에는 유전율이 더 높은 금속의 산화물이 채용되기도 하였다.

MOSFET의 주요 구조는 금속층, 산화물층을 반도체 위에 차례로 형성시키고 밑에 수직 방향으로 소스(Source) 지역과 드레인(Drain) 지역을 형성시킨다. 여기서 n형 MOS와 p형 MOS로 나뉜다. 여기서 MOS 구조가 있는 지역을 수문(水門)이라는 뜻의 게이트(Gate)라고 부른다. 게이트와 반도체의 본체(Body) 간의 전압을 변화시키면 MOS 구조 밑의 반도체 지역의 극성이 바뀌어 소스와 드레인 간에 물길이 생기게 된다. 이 물길을 채널(channel)이라고 부른다. p형 반도체 위에 MOS 구조를 만들고 그 밑의 반도체 구간의 양쪽 소스와 드레인 지역에 n형 반도체를 만들면 n channel MOS가 된다. n형 반도체 위에 MOS 구조를 만들고 그 밑의 반도체 구간의 양쪽 소스와 드레인 지역에 p형 반도체를 만들면 p channel MOS가 된다. 논리 회로를 구성하는데 n channel MOS와 p channel MOS가 모두 필요하다. 하나의 반도체 판 위에 두 가지 종류의 MOS 구조가 다 필요한데, 집적 회로(integrated circuit)에서 두 가지 종류의 MOS 구조가 한 실리콘 반도체 위에 다 있으면 이를 CMOS라고 한다. 집적 회로 제작 시에 보론(B) 원소를 도핑하여 제작한 p형 반도체 웨이퍼 판때기(substrate) 위에 MOS 구조를 만들고 그 밑의 반도체 구간의 양쪽에 소스와 드레인 지역을 이온 주입기(ion implanter)로 비소(As)를 주입하여 n형 반도체로 만들면 n channel MOS가 된다. 그리고 P(인) 원소를 많이 주입하여 확산시키면 넓은 n형 지역이 형성되는데 이 지역을 N Well이라고 말한다. p형의 반도체 지역에 n형의 우물이 형성되었다는 뜻이다. 이 N Well 지역에 MOS 구조를 만든 뒤에 그 밑에 수직으로 p형의 소스와 드레인 지역을 형성하면 p channel MOS가 형성되는데 그러면 한 판때기 위에 n channel MOS와 p channel MOS가 다 있는 CMOS가 된다. CMOS라는 말에서 C는 complementary에서 나온 말이며 상보성(相補性)이라고 번역한다. 이 말은 빛의 입자성과 파동성을 설명하는 말이기도 하다. 빛의 상보성에 대해서는 필자의 생활과학 에세이 제1권 '드림 스펙트럼'에서 자세히 다루고 있다.

지금의 전기학 이론이 물과 유추하여 세워졌다는 이야기를 앞에서 하였다. 반도체 소자를 설명하는데도 물을 연상시키는 용어와 개념이 등장하였다. 우리의 일상 이야기에도 물과 관련된 말을 많이 쓰고 있다. 우리나라의 경우 우물과 연관된 지명이 꽤 많다. 필자의 생활과학 에세이 제4권 '돌·물·길'에서 수원 지역의 물이 북쪽으로 흘러 한강에 흐르는 두 줄기 물길이 형성되어 있는데, 동쪽에는 복정(福井), 문정(文井)이 있고, 서쪽에는 금정(衿井)이 있고, 한강 이북에는 합정(蛤井), 화정(花井), 운정(雲井) 등이 보이고, 저 멀리 철원 지역에는 월정리역(月井里驛)이 있다. 영어로 우물에 해당하는 well에 좋다는 뜻과 '편(便)하다', '평안(平安)하다'는 의미가 있다. 1873년 당시의 성공한 변호사였던 스패포드(H. G. Spafford, 1828~1888)가 작사한 한영찬송가 470장 노래의 후렴에 'It is well with my soul. 내 영혼 평안해'라는 가사가 생각난다. 사막 지대나 농경사회에서는 사는 곳 옆에 우물이 있으면 마음이 평안해지리라.

혹자는 반도체 소자에서 우물(Well) 대신에 Tub이라는 말을 쓴다. 예를 들어 N Tub CMOS라는 말을 쓰기도 한다. 여기서 tub는 물통 혹은 욕조라는 뜻으로 역시 물과 연관이 있다. 보통 사람들은 벽에서 흘러나오는 물에 샤워함으로 목욕을 대신하지만, 개중에는 욕조에 뜨듯한 물을 받아 놓고 들어가 누워 있어야 몸이 풀린다는 사람도 있다. 옛날 농경사회에서는 논 옆에 우물이 있으면 제때 모를 내고 가만히 가을이 되기를 기다리고 있으면 된다. 이런 논을 고래논이라고 불렀다. 경의중앙선 전철을 타면 운정(雲井)역 근처에 야당(野塘)역이 있다. 옛날에는 들판에 연못 곧 우물이 있었다는 이야기이다. 한편 하늘에서 내리는 빗물에 전적으로 의존하는 논을 천수답이라고 불렀다. 모를 내놓고 나서 비가 많이 오지 않으면 논바닥이 마르고 모가 자라지 않고 결국에는 죽게 된다. 이런 상황이 되면 그 해의 농사를 망치게 되니 논 주인은 필사적으로 논에 물을 댄다. 요즘에는 수리 조합이 형성되어 높은 지대에 저수지를 조성하고 논에 이르는 수로를 만들어 놓았다. 이 수로를 영어로 채널(channel)이라고 부르고, 곳곳에 수문 곧 게이트를 설치하여 물의 양을 통제한다. 채널이라고 하면 TV channel을 연상하는 사람이 많을 것이다. 그 옛날 채널 2는 AFKN(American Forces Korea Network), 채널 7과 채널 9는 KBS, 채널 6은 SBS, 채널 11은 MBC 방송이었다. 정부에서 할당한 TV 주파수의 순서대로 붙인 명칭이다. TV 방송이 디지털로 바뀌고, 할당 주파수 영역이 바뀌었음에도 지금도 옛날 명칭을 그대로 사용하고 있다. 방송 내용(contents)이 물 흐르듯 수로(채널)를 통해 흐르고 있다. 방송사 등을 미디어(media)라고 부르는데 이 말은 중간에 있다는 뜻의 medium의 복수로써 우리말로 매체라고 번역한다.

13
집적 회로, 무어의 법칙

앞에서 최초의 반도체 소자는 진공관 대신에 1947년 미국의 벨 연구소에서 발명되었다고 언급하였다. 그 후 10여 년 뒤에 집적 회로(integrated circuit: IC)가 발명되었다. 1958년 TI의 킬비(Jack S. Kilby, 1923~2005)와 1959년 당시 Fairchild 반도체 회사의 노이스(Robert N. Noyce, 1927~1990)가 최초로 IC의 개념을 특허로 출원하였다. 두 회사는 발명 특허의 우선권을 위하여 장기간에 걸쳐 법적 소송을 벌였으나 최종적으로 TI의 킬비가 IC의 발명권을 인정받았다. 그림 4는 최초의 집적 회로 발명의 포인트를 보여 주고 있다. 킬비의 발명 제안서에 웨이퍼는 제르마늄(Germanium)이었고, 노이스의 그것은 실리콘(Silicon)이었다. 두 발명의 큰 차이점은 킬비는 트랜지스터와 다른 소자들을 웨이퍼 위에 선(wire)으로 연결하는 것인데 반하여 노이스의 그것은 선조차도 웨이퍼 위에 새겨 놓았다. 기술적으로는 노이스의 발명이 우수하지만, 법원은 킬비의 특허 출원의 우선성을 인정하였다. 노이스의 집적 회로 기술의 핵심은 당시에 최초로 시도되었던 플라나(planar) 기술의 적용이었다. 실리콘 웨이퍼를 사용하여 그 위에 평면 작업으로 집적 회로를 구성하는 아이디어는 오늘날까지 유지되고 있다.

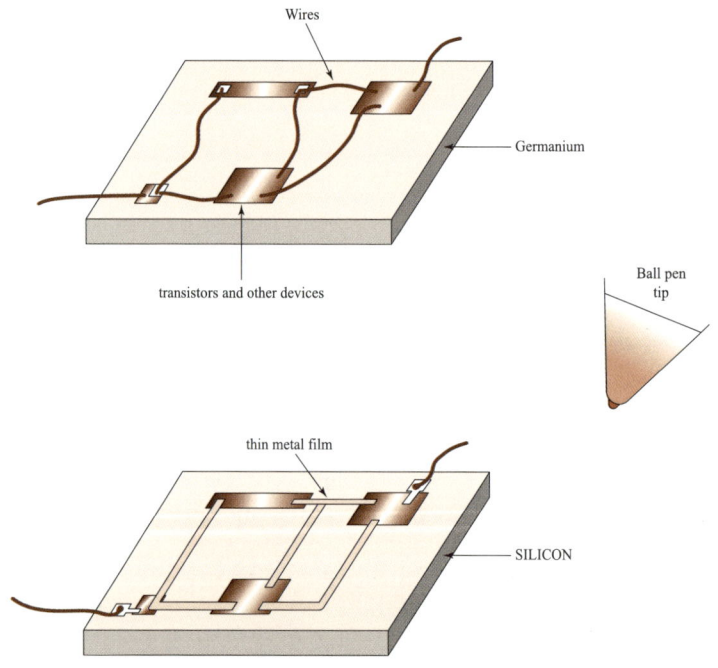

그림 4. 최초의 집적 회로(IC) 개념도. 위: 킬비, 1958; 아래: 노이스, 1959.

반도체 소자 개발 초기에는 단결정 성장법으로 grown-in transistor를 제작하였으나 플라나 기술과 당시에 처음 나온 MOSFET 구조를 적용함으로써 반도체 기술의 획기적인 발전을 이루게 되었다. 특히 트랜지스터 이외에 수동소자인 RLC 성분을 실리콘 위에 만들고 이를 바로 금속 배선으로 연결함으로써 집적 회로의 장점을 크게 살렸다. 저항(R) 성분은 실리콘 재료에 불순물의 양을 조절함으로써, 유전(C) 성분은 실리콘 산화물인 SiO_2가 우수한 유전 성질을 보인다는 것을 발견하고 유용하게 활용하였다. 한동안 실리콘 웨이퍼 위에 유도(L) 성분의 구현이 어렵다고 판단되었으나 그 뒤 이 문제도 해결하여 통신 칩에 획기적인 전기를 마련하여 집적화를 더욱 가속하였다.

그림 4의 개념도에 보면, 금속 배선이 트랜지스터와 같은 평면에 존재하나. 집적 회로 제작 기술의 발달로 트랜지스터 위층에 금속 배선을 형성하게 되었다. 플라나 기술로 nMOS와 pMOS 트랜지스터를 형성하고 절연체로 덮은 후에 구멍(via)을 뚫어 게이트 간을 연결하고 n^+나 p^+ 지역끼리 연결(contact)하면 된다는 생각에 이르렀다. 이로써 플라나 기술로 3차원 구조를 실현하게 되었다. 메모리 등 간단한 금속 배선은 2층 정도의 금속 배선 층이면 충분하지만, 복잡한 논리를 구성해야 하는 집적 회로에서는 그 이상의 금속 배선 층이 필요하다. 이렇게 하여 플라나 제조공정이 확립되고, 그 제조 순서를 공정 흐름도(process flow)라고 부른다. 공정 흐름도

에 의하면 노광(photo) – 확산(diffusion) 혹은 박막(thin film) – 식각(etching)의 과정이 여러 번 반복되며 실리콘 칩이 완성되어 간다. MOS 구조를 완성하고 절연체로 덮기까지를 실리콘 소자 제조의 앞(front end) 공정, 금속 배선 이후를 후(back end) 공정이라고 부르기도 한다. 한동안 ASIC(application specific integrated circuit)라고 하여 FAB 공장에서 앞 공정을 무작위로 진행하여 게이트 어레이(gate array)를 제조하고, 디자인 전문회사로부터 제품을 수주받은 후, 후공정을 진행하여 실리콘 제조 기간을 단축할 수 있다고 하였다. FAB을 운영하는 회사는 물량이 많은 제품의 수주를 선호하게 된다. 이래서 ASSP(application specific standard product) IC가 환영받게 된다.

이렇게 반도체 소자가 집적되는 현상을 한때 LSI(large scale integration)라고 부르고, 이러한 경향을 VLSI(very large scale integration) 혁명 혹은 축소화(miniaturization)라고 부른다. 한동안 일본인이 VLSI 혁명을 주도하여 그들의 정신문화가 축소지향형이라서 그렇다고 분석하기도 하였다. 축소화가 진행할수록 VLSI, ULSI(ultra large scale integration) 등으로 일컬었는데, 지금은 잘 안 쓰는 말이 되어 버렸다. 진공관이 주류를 이루었던 1940년대에 1인치 입방체 안에 들어가는 소자가 한 개였다면, 트랜지스터 소자가 발명된 후인 1950년대에는 같은 부피에 트랜지스터 10개 정도, 1960년대에는 트랜지스터 1,000개 정도, 1980년대에는 트랜지스터 백만 개 정도, 2000년에는 트랜지스터 1억 개 이상으로 시간이 지남에 따라 집적도 향상이 있어 왔다. 이러한 집적도 향상의 추진력은 '더 작을수록 더 좋다(The smaller, the better)'는 축소 지향성이다. 집적도 향상은 회로 선폭의 축소로 이루어졌는데, 이로써 같은 면적에 더 많은 회로를 심게 되고, 그 효과로 전자 제품의 가격이 감소하고, 동작 속도가 증가하고, 제품의 소비 전력이 감소하고, 제품의 신뢰성이 증가하게 되었다. 반도체 칩 위에 지도를 그린다면 1960년대에는 중소도시 하나를 그렸다면, 1970년대에는 비슷한 크기의 지도에 경기도나 서울특별시 같은 지방자치단체의 지도가 들어갔고, 1980년대에는 대한민국 전도가 들어갔고, 1990년대에는 아시아 전도를, 2000년대에는 세계 전도를 담을 수 있게 되었다. 세월이 지날수록 커버하는 영역이 늘어났어도 담고 있는 내용물 곧 지도의 상세함은 그대로 유지되어 있다. 이는 자동차를 운전할 때 내비게이션의 인도하는 길을 생각하면 쉽게 이해가 산다.

집적 회로 기술의 변천을 보면 1960년대 초에는 소규모 집적(small scale integration) 시대로 칩당 10개 정도로 mm 이하의 트랜지스터 크기(feature size)였는데, 1970년대 들어서는 중간 집적도(medium scale integration)의 시대로 마이크로미터 크기의 트랜지스터가 1,000개 수준으로 들어가게 되고, 대규모 집적 회로인 LSI를 실현한 1980년대에는 한 개의 칩 안에 마이크로미터 이하 크기의 트랜지스터를 수십만 개 넣게 되고, VLSI 시대인 1990년대에는

0.5 마이크로미터 이하 크기의 트랜지스터가 1억 개 정도 들어가게 되었다. ULSI 시대인 2000년대 들어와서는 트랜지스터의 크기는 나노미터가 되었고 한 칩 안에 10억 개 이상의 트랜지스터가 심어지게 되었다. 이에 따라 각종 신기술이 적용되고 실리콘 제조공정이 복잡하게 되고 칩 제조 시에 필요한 마스크(레티클)의 숫자도 4개에서 30여 개 수준이 되었다.

반도체 소자의 축소화 경향을 무어의 법칙이라고 부른다. 인텔의 공동 창업자인 무어(Gordon Moore, 1929~2023)가 Fairchild 반도체 회사의 경험을 바탕으로 1965년 한 잡지에 투고한 글에서, 한 칩 안에 들어가는 트랜지스터의 숫자 즉 집적 회로의 복잡도가 매년 두 배 증가한다고 발표하였다. 그로부터 10년 뒤인 1975년에 무어는 기술 발전의 포화로 집적도가 두 배 증가하는 사이클이 2년이라고 수정하는 글을 발표하기도 하였다. 이 법칙은 그 뒤 오늘날까지도 지켜져 왔다고 전문가들은 말하고 있다. 무어의 법칙은 디지털 능력이 계속 지수적으로 발전한다는 이론으로 확대되었고 디지털 기술의 발전으로 정보화 기술(information technology; IT) 제품의 가격이나 성능이 향상되는 경향을 나타낸다고 이해되고 있다. 이 법칙은 반도체 소자 등 하드웨어의 발전 속도뿐만 아니라 소프트웨어의 발전 속도도 표현하고 있다. 이는 인텔의 사업영역인 마이크로프로세서의 용량과 속도의 변천을 생각하면 쉽게 이해된다. 1971년에 2,300개의 트랜지스터를 포함하는 4004 마이크로프로세서가

1975년에는 65,000개의 트랜지스터를 갖고 있는 8080 마이크로프로세서가 되었고, 1989년에는 1,400,000여 개의 트랜지스터를 갖고 있는 486 마이크로프로세서를 거쳐 2002년에는 55,000,000여 개의 트랜지스터를 갖고 있는 Pentium 마이크로프로세서로 진화되었다.

14
도핑과 임플란트

　실리콘 반도체에 불순물을 도핑하는 방법이 처음에는 실리콘을 액체 상태로 만들 수 있는 고온의 용탕에 3족 또는 5족 원소를 투입한 후 단결정 성장법을 사용하여 p형(혹은 n형) 반도체를 만들다가 그 반대의 원소를 투입하여 n형(혹은 p형) 반도체를 만들어 p-n(혹은 n-p) 접합을 만들었다. 이를 성장 접합 방법(grown junction method)이라고 한다. 그 후 반도체 집적 회로를 제조하기 위해서 더 낮은 온도 영역에서 고체 상태의 실리콘 웨이퍼에 3족이나 5족 원소 불순물을 포함하는 펠레트(pellet)를 얹은 후에 녹여서 웨이퍼로 침투하게 하여 재결정이 일어나도록 하여 p형 반도체나 n형 반도체를 만들었다. 이를 합금 접합 방법(alloy junction method)이라고 부른다. 그 뒤에 나온 방법이 집적 회로 제조에 적용된 플래나 기술(planar technology)이다. 이는 실리콘 웨이퍼를 먼저 산화시키고 포토 공정으로 접합을 만들고자 의도한 부분을 열어놓고 나서, 불순물을 포함하는 물질을 실리콘 웨이퍼 표면에 도입한(pre-deposition) 후에, 온도를 조금 높여서 실리콘 웨이퍼의 더 안쪽으로 불순물을 확산시키는(drive-in) 방법을 사용하였다. 실리콘 산화물인 SiO_2가 MOS 구조를 형성하는 데 필요하고 좋은 절연체 역할을 한다는 것이 알려진 후 도핑하는 공정과 산화물 형성 공정을 동시에 수행하고자 노력하였다.

그 결과 집적 회로 제조를 위해서 실리콘 웨이퍼 위에서의 불순물의 확산과 산화물 형성을 위한 고온 공정이 중요하게 되었다. 고온을 손쉽게 얻을 수 있는 노(爐, furnace)의 자동화가 중요하게 되었고, 확산 관련 장비의 가격이 FAB에서 차지하는 비중이 높아졌다. 그래서 세계적으로 한때 반도체 소자 제조로 맹위를 떨치던 일본인들은 반도체 집적 회로를 제조하는 공장을 확산공장(擴散工場)이라고 부르기까지 하였다. 또한 반도체 소자를 제조하는 FAB 안에서 기술적인 문제를 관리하고 해결하는 공정 엔지니어 중에서 노가 있는 지역을 담당하는 엔지니어가 중요하였고 경험이 많은 엔지니어가 담당하였다. 자동화가 완전히 실현되지 않은 시절에는 확산 엔지니어가 노에 웨이퍼를 로딩하고 노 온도를 올리는 레시피(recipe) 관리가 중요한 몫을 담당하였다. 실리콘 웨이퍼 위에 산화막이 형성되는 속도(kinetics)가 한때 중요한 이슈였고, 그에 관한 이론이 중요한 역할을 한 적이 있다.

그 뒤에 기술의 진보와 함께 불순물의 도핑 방법이 이온 임플란트 방법으로 바뀌었다. 이온이란 전자가 떼어지거나 덧붙여져 있는 원자의 몸통이다. 자기장 아래에서 전기를 띠고 있는 물체는 그 질량에 비례하여 휘어지는 정도가 다르다. 이온의 흐르는 통로를 빔(beam)이라고 하는데, 빔을 흐르는 물질은 같은 질량을 갖고 있다. 불순물의 소스는 고체, 액체, 기체로 다양할 수 있지만 이온을 심는 웨이퍼는 보통 상온을 유지하고 있다. 물론 이온의 조사(照射)로 웨이퍼 온도가 약간 상승한다. 플래나 기술의 취지에 맞게 실리콘 산화막이나 포토 공정의 감광막(photo resist film)이 이온 임플란트의 마스크 역할을 할 수 있다. 이온 임플란트 작업 이후에 도핑 원소의 전기적 활성화(electrical activation)와 웨이퍼의 응력 제거(stress relief)를 위하여 어느 정도 고온을 유지하여야 하지만 그 온도는 불순물 확산이나 산화막 형성을 위한 온도보다 훨씬 낮다. 따라서 확산 혹은 디퓨전(diffusion) 지역의 장비 대수나 유지 비용이 대폭 줄어들게 되었다. 그 대신 이온 임플란트 장비와 담당 공정 엔지니어의 역할이 중요하게 되었다. 그 장비 이름이 이온 임플란터(ion implanter)이다. 여러 가지 실험과 평가 결과 3족 불순물 원소로는 보론(B)이 적절하고 5족 불순물 원소로는 비소(As)가 적절하다고 결론이 나왔다. 실리콘 웨이퍼는 B(보론) 원소가 도핑된 p형이 대세가 되었고, 그 위에 N Well(Tub)을 형성하기 위해서는 이온 임플란트로 P(인) 원소를 불순물로 도핑하고 장시간 확산하는 방법이 채용되고 있다.

원자들이 차곡차곡 빽빽하게 채워져 있는 고체에도 어떻게 보면 느슨하고 넓게 뚫어져 있는 방향이 있다. 이런 고체에 제3의 원소가 이온 임플란트로 외부에서 주어진 에너지에 의하여 강제로 들어가게 되면, 그 방향으로 이온들이 들어가려는 경향이 있다. 이를 이온 채널링(ion channelling)이라고 한다. 이를 설명할 때마다 필자는 인천 상륙작전이 생각난다. 우리가 기억하는 사진은 맥아더(Douglas MacArthur, 1880~1964) 장군과 그 참모들이 물 위를 걸어 상륙하는 장면이다. 그러나 그 전에 수많은 함정을 타고 온 병사들이 인천 월미도 해변에 상륙하여 아마도 갯골을 따라 적군의 총탄에 응사하며 침투하여 상륙작전을 감행한 후 안전하다는 보고를 받은 후에 수뇌부가 상륙하였을 것이다. 갯골을 따라 낮은 포복으로 이동하는 병사들의 모습이 이온 채널링 현상과 유사하다고 생각한다. 이온 임플란트 후 열처리 과정인 아닐링(annealing) 공정까지 마치고 나서 불순물이 침투한 깊이인 접합 깊이(junction depth)를 불순물 원소별로 사전(事前)에 공정연구자들이 연구하여 최적의 임플란트 조건 등 공정 조건을 결정하고 그대로 실행한다. 마치 인천 상륙작전의 계획이 제2차 세계대전에서 노르망디 상륙작전의 경험에 의한 것이라는 말이 있듯이.

이제는 임플란트라는 말이 일상 용어가 되었다. 바로 치과 용어인데, 노인들과 치열에 관심이 많은 젊은이 사이에서 많이 언급되고 있다. 옛날에는 치아에 결손이 생기면 보철이라고 금니나 아말감이 유행했는데, 요즈음은 임플란트가 대세가 되었다. 치과 의사의 전공에 임플란트 분야가 추가 되었고, 의료보험에서 개인당 임플란트 두 개까지 부담해 준다고 한다. 원래 임플란트는 정형외과에서 뼈 대신에 금속 구조물을 끼워 넣는 데서 시작되었으나 요즈음은 치과 치료의 큰 부분이 되었다. 임플란트 재료를 생산하는 국내 회사가 많이 생겨나서 서로 경쟁하고 있다. 필자도 임플란트 시술을 한번 받았는데, 썩은 이를 빼고 그 자리에 금속으로 된 이를 심는 작업이었다.

원래 플랜트(plant)는 동물의 반대말인 식물(植物)이란 뜻이다. 어느 지역에 식물을 씨앗이나 나무로 심으면 그 자리에서 성장하여 꽃을 피우고 열매를 맺는다. 인류사에 커피, 사탕수수, 후추 등이 귀할 때 유럽 사람들이 그 종자나 묘목을 배로 재배에 유리한 지구상의 다른 지역으로 퍼뜨렸는데, 이렇게 조성된 농장(農場)을 플랜테이션(plantation)이라고 한다. 아울러 플랜트에는 공장(工場)이란 뜻이 있다. 공장은 움직일 수 없는 장치산업으로 식물과 성질이 비슷해서 플랜트라는 말이 붙여진 것 같다. 오늘날 반도체 공장과 반도체나 전자 제품을 디자인하는 회사가 태평양을 사이에 두고 양쪽에 걸쳐 있어서 반도체 소자가 비행기로 양쪽을 오고 가고 있다.

15
사진 공정, Photolithography

 반도체 소자 제조는 더하기와 빼기의 연속이라는 말이 있다. 반도체 제조공정에 대하여 적절하게 표현한 말이라고 생각한다. 여기서 더하기는 반도체 웨이퍼 위에 새로운 산화막 층이나 금속 박막층을 입히는 공정이다. 실리콘 웨이퍼 위에 더할 지역과 뺄 지역을 정하기는 사진 공정을 통해서이다. 사진 공정을 영어로 포토 리소그라피(photo lithography)라고 하는데 '빛으로 돌 위에 그림 그리기'라는 뜻이라고나 할까? 실리콘이라는 돌 위에 더할 곳과 제거할 곳을 결정하는 과정이다. 먼저 실리콘 웨이퍼 위에 감광액(photoresist; PR)을 균일한 두께로 입힌 후에 경화시키고 더할 지역과 뺄 지역에 관한 정보가 그려진 마스크 위의 이미지를 빛으로 웨이퍼 위에 전사(傳寫)시킨다. 나중에 현상액(developer)에 의하여 빛이 쪼인 PR이 제거되는 게 있고 그 반대의 경우도 있다. 전자를 포지티브(positive) PR, 후자를 네거티브(negative) PR이라고 부르는데, 요즈음은 후자가 대세이다. PR이 제거된 지역의 밑에 있는 산화막이나 박막은 그 뒤의 식각(에칭) 공정 단계에서 제거된다.

집적 회로를 제작하는 초창기에는 테이블 위에서 줄자를 써서 기하학적 모양을 그림으로 그리고 그것을 사진 찍어서 축소하여 마스크를 제작하여 실리콘 웨이퍼 위에 전사하였다. 실리콘 웨이퍼 한 장에 수백 혹은 수천 개의 칩이 들어가니까, 같은 칩을 여러 번 반복하여 찍어서 석영(quartz)으로 마스크를 제작하였다. 초창기에 영상을 전사하는 장치를 contact 혹은 proximity printer라고 불렀다. 이때는 가시광선을 사용하여 마스크를 실리콘 웨이퍼 위에 올려놓고 1:1로 사진을 찍었다. 나중에 광학 시스템이 발전하여 렌즈를 여럿 이용한 프로젝션 얼라이너(projection aligner)가 등장하였다. 집적도가 증가함에 따라 칩의 내용물이 복잡해졌지만, 컴퓨터의 발달로 CAD(computer aided design) 기법으로 그림을 그리게 되어 편하고 정확하게 마스크가 되었다. 통신의 발달로 마스크 정보가 쉽게 전송될 수 있고 마스크 제작소(mask shop)에서는 그 정보에 따라 석영 판에 금속으로 선을 직접 쓰는(direct write) 방식으로 마스크를 제작하였다.

회로 크기가 더 미세화되며 분해능(해상도)이 중요해지면서 사용하는 빛이 가시광선 영역이 아니라 파장이 더 짧은 자외선(ultra violet; uv) 영역이 되었다. 회로 정보를 담고 있는 석영 판도 마스크라 부르지 않고 레티클(reticle)이라 부르고, 전사하는 기계도 스테퍼(stepper)라고 부르게 되었다. 레티클은 군사 용어로 총이나 포의 조준을 돕는 장치이다. 한 개의 레티클이 웨이퍼 전체를 커버하지 않고 칩 몇 개를 담고 있고 보통 5:1로 축소하여 사진을 웨이퍼 위에 전사하였다. 이에 따라 혹시나 있을 수 있는 레티클 위의 먼지의 크기를 1/5로 줄여 웨이퍼에 전사하게 된다. 레티클 위에 묻어 있는 먼지(particle)의 효과를 줄이려고 보통 레티클 위에 항반사 코팅(antireflective coating)이 되어 있는 펠리클(pellicle)을 씌워 스테퍼에 장착하기도 한다.

웨이퍼 위에 레티클의 내용이 한 스텝 한 스텝 반복된다는 의미로 이 방식을 step and repeat 방법이라고 부른다. 사용하는 자외선 파장에 따라 g line(436nm) stepper, i line(365nm) stepper가 등장하였다. 이때까지는 일본계 광학 회사들이 노광기 제조 공급 업계를 휩쓸었다. 그러나 회로 선폭이 나노미터 크기로 내려오면서 렌즈를 비롯한 광학 시스템이 더 복잡해지는데, 그런 광학 시스템을 대표적으로 step and scan 방식이라고 말한다. 광원도 짧은 자외선 파장의 영역인 248nm인 KrF excimer laser를 사용하고 최근에는 135nm의 극자외선(extreme ultra violet)을 사용하게 되었다.

그리고 서구의 회사가 관련되는 기술 특허를 갖고 있어서 일본 회사들이 더 이상 그 기술을 사용할 수 없게 되었다. 요즈음 ASM-L이라는 회사의 노광장치가 반도체 제조 업계에 독점으로 고가로 공급하여 슈퍼 을이라는 이름으로 불리게 되었다. ASM-L은 영어로 American Semiconductor Material - Lithography의 약자로 원래는 미국 회사였으나 오래전에 네덜란드가 사들인 다국적기업이다.

반도체 제조공장에서 사진 공정이 이루어지는 지역을 엘로우 룸(yellow room)이라고 부른다. 실제로 노란색의 불빛 아래에서 작업하고 있다. 사용하는 감광막이 가시광선에 의해 영향을 받지 않으나 형광등이나 전등에서 자외선이 새어 나올 수 있으니까 철저하게 배제하여야 한다. 노란색 전등을 사용하는 이유는 작업하기 편안한 색깔을 실내에 유지하기 위해서이다. 집적화가 진행되면서 빛 이외에 전자빔, 이온 빔, X-ray 등이 사용될 것으로 예측되었으나, 지금까지도 가시광선 너머의 짧은 파장의 자외선이 사용되고 있다.

또한 기술의 발달에 따라 반도체 집적 회로 제작에 필요한 마스크의 숫자가 획기적으로 늘어났다. 초창기에는 십여 개의 마스크가 필요했으나 최근에는 30~40개의 마스크가 필요하게 되었다. 이 말은 반도체 집적 회로 제작 시에 더하기와 빼기의 작업 횟수가 그만큼 늘어났다는 의미이다. 이 중에서 5개 정도는 아주 심각한 스텝

(critical step)이고, 10개 정도의 단계는 그렇게 심각하지 않은(non critical) 수준이고, 그 외는 아주 느슨한(loose) 단계이다. 심각한 스텝에서는 첨단의 노광장비가 꼭 필요하고, 느슨한 단계에서는 그렇지 않다는 말이다.

16
식각(Etching) 기술

앞에서 반도체 소자 제조공정에서 없애는 일을 수행하는 과정이 식각(etching) 공정이라고 하였다. 식각(蝕刻)이나 에칭(etching)이나 모두 어려운 말이다. 도장을 새기거나 유리를 부식시키는 일을 연상시킨다. 실리콘의 산화물이 유리와 같이 불산(HF) 용액에 잘 녹아난다는 사실에 무척 고무되어 초기의 식각 공정은 모두 용액을 사용하였다. 혹자는 이 과정을 습식 공정(wet process)이라고 부른다. 제거하고자 하는 물질을 녹아낼 수 있는 용액을 찾아내는 데 공정 기술자들은 온 힘을 기울였다. 습식 공정의 단점 중 하나가 식각이 등방성(isotropy)으로 이루어진다는 점이다. 즉 깊이 방향으로 뿐만 아니라 옆 방향으로도 침식이 이루어져서 마스크 역할을 하는 층

밑으로도 에칭이 된다. 그 결과 MOS 구조의 경우 채널의 길이가 상당히 손해를 보게 된다. 이 점을 해결하기 위해서는 깊이 방향으로만 주로 식각이 되는 이방성(anisotropy)이 중요한데, 이를 실현하기 위해 여러 가지 노력을 기울여 왔다.

이방성 식각의 실현을 위한 노력 가운데에 주효한 기술이 바로 플라스마 기술(plasma technology)이다. 플라스마란 고체, 액체, 기체라는 물질의 세 가지 상태가 아닌 제4의 물질 상태라고 볼 수 있다. 플라스마 상태에는 원자 이외에 이온과 전자가 혼재되어 있다. 고체나 액체의 형태로 이온과 전자가 원자와 함께 존재할 때도 있지만, 반도체 공정에서 이용하는 플라스마 상태는 기체 속에 이온과 전자가 원자와 함께 공존하고 있다. 플라스마 기술에 대해서는 별도로 기술하려고 한다. 반도체 식각공정에서 플라스마를 이용하는 것을 일명 건식 공정(dry process)이라고 부른다. 액체 상대인 용액을 쓰지 않은 상태에서 식각이 이루어져서 그렇게 부른다고 생각한다. 현재 반도체 제조공정 상에서 실리콘 산화막을 불산 용액으로 에칭하는 것 이외에는 대부분 건식 공정을 쓰고 있다. 불산이 맑은 액체인지라 불산 용액을 취급할 때 초창기에는 장갑이 새도 별 문제가 없는 듯이 지나쳤는데, 불산이 인체에 아주 해로운 유해 화합물이라고 판명되어 취급에 주의를 요하고 있다.

옛날에는 집에서 옷을 세탁할 때 세탁물에 비누를 묻히고 방망

이로 두드려서 옷에 묻은 때를 제거하였다. 이때 데운 물을 부으면 때가 잘 빠졌다. 집마다 전기세탁기가 보급되면서 세탁물이 생기면 세탁조에 집어 놓고 세탁기를 돌리면 된다. 어떤 동네에는 코인을 넣고 돌리는 공중(公衆) 세탁기도 있다. 웬만한 세탁기에는 건조(drying) 기능도 함께 있어서 편리하다. 그러나 양복 등 귀중한 세탁물은 동네에 있는 세탁소에 맡긴다. 그런 세탁소에는 드라이클리닝(dry cleaning)이라는 선전 문구가 있다. 물 대신 무슨 유기 용매로 세탁물에 있는 때를 빼나 보다. 기계적인 돌림이나 타격이 없이 세탁이 이루어지니까 세탁물의 손상이 없어서 인기가 있다. 드라이클리닝 하는 시설이 있는 세탁소도 있겠지만 동네 세탁소는 대부분 세탁물을 수거하여 표시를 잘한 후 전문 공장으로 보내는 것 같다.

나이가 드니까 음식 먹을 때 자기도 모르게 밑으로 음식물을 흘리는 일이 잦다. 꼭 어린아이가 침 흘리는 일과 비슷하다. 김치나 국물 등을 흘려서 웃옷이나 바지를 더럽히는 경우가 있는데, 흘린 즉시 제거하면 물이 들지 않는다고 비누 등 세정액을 뿌리고 씻어내는 게 좋다고 한다. 대중음식점에서는 앞가리개를 준비하였다가 희망자에게 배부하기도 한다. 나이가 들면서 입으로 들어가는 음식물을 흘리는 문제도 있지만 몸에서 나오는 오줌을 잘 조절하지 못해서 보는 낭패도 있다. 우리가 쓰는 말에 남의 일에 쓸데없이 참견하는 사람을 '오지랖이 넓다'라고 말한다. 오지랖이란 무엇인가? 사전을 찾아보니 '웃옷이나 윗도리에 입는 겉옷의 앞자락'이라고 한다. 오지랖이란 오늘날 음식점에서 주는 앞치마와 비슷하겠다. 오지랖이 넓으면 자기 몸을 다 가리니 남들 앞에 나서서 간섭할 필요도 없는 일에 참견하게 된다. 이런 사람을 오늘날 신조어로 오지라퍼라고 부른다고 한다. 사진사의 영어 표현인 photographer와 운(韻)이 맞아서 젊은이들 사이에 잘 쓰이고 있지 않나 생각된다.

17
플라스마(Plasma) 기술

플라스마란 무엇인가? 플라스마는 혈액 속의 혈장을 이르는 그리스 말에서 출발한 단어이다. 플라즈마로 읽히는 경우가 있으나 이 글에서는 플라스마라고 표기하려고 한다. 반도체 공정에서는 부분적으로 이온화되어 있는 기체 상태의 혼합물을 가리킨다. 부분적으로 이온화되어 있는 상태인 플라스마는 양이온, 전자 그리고 음이온 등의 전기를 띤 하전(荷電) 입자와 전기적으로는 중성이나 화학적으로 활성화된 물질(radical)을 많이 포함하게 된다. 이러한 플라스마 내에는 전자나 이온에 비해 수백 배 이상의 활성화 물질들이 존재한다. 또한 입자들이 충돌로 여기(勵起) 상태로 전이되었다가 기저(基底) 상태로 환원되면서 각 입자 고유의 빛을 낸다. 이러한 특성은 외부에서 전기장을 가하여 플라스마가 형성되었는지를 확인할 수 있는 가장 간단한 방법이 되며, 이에 따라 공정용 플라스마(process plasma)를 glow discharge라고 부르기도 한다. 전기 방전으로 형성된 플라스마는 내부에 거의 같은 밀도의 양전하와 음전하(전자+음이온)가 혼합되어 있어 전기적으로 준중성(quasi-neutral) 상태를 이루고 있다.

플라스마에 대한 이해는 플라스마가 외부 전기장을 흡수하는 과정, 플라스마 내부에 존재하는 입자들인 전자, 이온, 활성화 물질의 분포(밀도) 및 상태(온도)의 이해를 통해 이루어진다. 외부 전기장의 흡수는 플라스마 내에 존재하는 전자에 의해 전적으로 이루어지며, 이렇게 높은 에너지를 얻은 전자가 기체 분자와의 충돌로 이온과 활성화 물질들을 생성하게 된다. 따라서 플라스마 내에 존재하는 전자의 에너지는 이온 및 활성화 물질의 분포를 이해하는 중요한 요소가 된다. 플라스마는 전자의 밀도와 전자 온도(에너지)에 따라 다양한 특성을 보이며 이들 값에 따라 플라스마를 구분할 수 있다. 매우 밀도가 낮고 에너지가 낮은(rarefied and cold) 성간(星間) 플라스마(interstellar plasma)로부터 매우 밀도가 높고 에너지가 큰 퓨전(fusion) 플라스마에 이르기까지 많은 종류의 플라스마가 있다. 우리가 관심이 있는 공정용 플라스마도 플라스마를 형성하는 방식에 따라 전자밀도는 세제곱센티미터(cm^3) 당 $10^8 \sim 10^{12}$, 전자 온도(에너지)는 $1 \sim 10eV$의 다양한 범위를 가지며 이에 따라 서로 다른 플라스마 특성을 보이고 있으며, 활용 분야도 달라진다. 공정용 플라스마로 처음 개발된 플라스마 장비들은 0.01% 이내의 낮은 이온화율을 갖고 세제곱센티미터 당 10^9 이내의 낮은 전자밀도를 보이는 DC 또는 RF 플라스마가 주였으나 최근에는 1% 정도의 높은 이온화율을 가지며 세제곱센티미터 당 10^{12} 이상의 높은 전자밀도를 갖는 고밀도 플라스마(high density plasma: HDP) 장비가 개발되어 있다.

플라스마 내에서 전자가 기체 분자와 충돌하여 기체 분자들에 에너지를 전달하는 과정은 공정용 플라스마에서 우리가 이용하는 이온과 활성화 물질 그리고 전자 등을 생성하는 과정으로 플라스마의 특성을 이해하는 데 매우 중요한 부분 중의 하나이다. 전자와 이온 또는 중성 입자와의 충돌은 크게 탄성충돌과 비탄성충돌로 구분되는데, 탄성충돌의 경우에는 매우 빈번하게 발생하지만 두 입자 간의 질량 차이가 매우 크기 때문에 에너지를 전달하는 효율은 매우 낮다. 비탄성충돌은 상대적으로 충돌 빈도는 낮지만 기체 분자의 내부 에너지를 변화시키므로 공정용 플라스마의 특성을 결정하는 매우 중요한 요소가 된다. 비탄성충돌의 종류에는 기체 분자를 이온화시키거나, 높은 에너지 상태로 여기(excite) 시키고, 분해하는 과정 그리고 재결합(recombination)하는 과정 등이 있다. 또한 여기 상태의 분자는 매우 짧은 시간(나노초 이내)에 빛을 내면서 기저 상태로 되돌아가며 이때 발생 되는 빛은 각 플라스마의 특성을 나타내는 고유의 색깔을 보인다. 이러한 다양한 비탄성충돌은 전자의 에너지에 따라 각기 고유한 충돌 빈도를 나타내므로, 전자의 에너지를 분석하는 것이 플라스마의 특성을 이해하는 중요한 과정이 된다.

플라스마에 에너지가 전달되는 과정은 플라스마가 켜지는 점화(ignition) 단계와 플라스마가 유지되는 유지(sustaining) 단계로 나뉘며 둘은 다른 양상을 보인다. 흔히 플라스마를 형성하는 방식에 따라 플라스마 장치를 구분하는 것은 유지 단계에서의 에너지 전달 방식의 차이에 따라 구분하는 것이며, 일반적으로 플라스마가 생성되는 과정은 대부분 동일(同一)한 방식으로 이해된다. 즉, 처음에는 자연계의 어디에나 존재하는 소수의 씨앗(seed) 전자가 외부 전기장에 의해 가속되고 기체 분자를 이온화시킬 수 있을 정도의 큰 에너지를 얻게 된다. 이러한 고에너지 전자는 기체 분자와 충돌하여 기체 분자를 이온화시켜 양이온과 전자를 생성한다. 이렇게 생성된 전자는 다시 전기장에 의해 가속되고 이온은 전자와 반대 방향으로 가속되어 전극에 충돌한다. 큰 에너지를 가진 이온이 전극에 충돌한다면 전극의 표면에서 2차 전자(secondary electron)가 발생한다. 이러한 과정이 반복되어 많은 양의 이온화가 이루어지면 플라스마 방전(breakdown or ignition)이 이루어진다. 플라스마의 방전이 잘 이루어지기 위해서는 전자가 기체 분자의 이온화 에너지보다 큰 에너지를 얻을 수 있도록 큰 전압이 필요하며, 전자와 분자 간의 빈번한 충돌과정이 있어야 한다.

플라스마가 형성되는 최소 전압을 반응실(reactor)의 압력(P)과 전극 간의 거리(d)의 관계로 정리한 것이 파센 곡선(Paschen curve)이다. 압력은 전자가 기체 분자와 충돌하는 평균 충돌 거리(mean free path)를 결정해 주므로 충돌 횟수와 전기장에 의해 가속되는 시간을 결정해 준다. 전극 간의 거리는 전기장의 세기를 결정하며 매우 낮은 압력에서는 전자가 가속되는 거리를 결정한다. Pd의 값이 아주 작은 영역은 압력이 너무 낮아 충분한 충돌이 이루어지지 못하거나 전자가 가속될 수 있는 구간이 너무 짧아서 기체 이온화에 충분한 전자가 생성되지 못하여 플라스마 생성이 어려운 경우이고 Pd의 값이 너무 큰 조건은 압력이 너무 높아서 전자가 충분히 가속되지 못하거나 전극 간 거리가 너무 멀어서 전기장이 작아 전자를 충분히 가속 시키지 못하여 플라스마의 생성이 어려운 경우이다.

기체의 이온화율이 높을수록, 낮은 전기장 하에서도 방전(discharge)이 될 수 있다. 또한 초기 전자가 많을수록 플라스마가 켜지는 시간(turn-on time)이 짧아진다. 스퍼터링(sputtering)이나 고밀도 플라스마 화학증착(high density plasma chemical vapor deposition: HDP CVD)의 경우 대개 압력이 낮은 영역에서 공정을 실시하기 때문에 압력을 높여서 플라스마를 형성하는 경우가 많으며 이때 이온화율이 높은 아르곤 기체를 첨가하기도 한다. 플라스마가 켜지고(ignition) 나면 전자와 이온의 공간적인 재분배가 이루어져 전자와 이온이 같은 밀도로 존재하여 전기적으로 중성인 벌크

(bulk) 플라스마와 이를 둘러싼 시스(sheath) 영역으로 나뉘게 된다. 시스 영역은 전자가 없는(depleted) 일종의 공간 충전(space charge) 영역이다. 이러한 구조에서 플라스마는 외부 전기장으로부터 에너지를 흡수하고 이를 벌크 플라스마에서 충돌을 통해 재분배하고 외부로 확산해 가면서 에너지를 잃는 과정을 거치는 동적인 정상상태(steady state)에 이르게 된다. 외부 전기장에 의한 에너지 흡수는 거의 전적으로 전자에 의해 이루어지며 이 흡수 방식은 각 플라스마 장치의 특성에 따라 달라지며 플라스마를 구분 짓는 하나의 기준이 될 수 있다.

CCP(capacitively coupled plasma) 방식은 전극과 플라스마 사이에 형성된 높은 전압에 의해 전자가 가속되는 방식에 의해 에너지가 전달되는 플라스마이며, ICP(inductively coupled plasma) 방식은 반응실의 외부에 있는 코일을 통해 교류전류를 가하여 플라스마 내부에 유도전기를 일으켜 에너지를 전달하는 방식으로 유지하는 플라스마이고, 파 가열 플라스마(wave heated plasma)는 외부에서 가해진 마이크로파(microwave)나 RF(radio frequency wave)와 같은 전자기파가 플라스마 내부로 진행하면서 흡수되는 방식을 통해 에너지를 전달하는 플라스마이다. 외부 전기장으로부터 큰 에너지를 얻은 전자는 벌크 플라스마 영역에서 기체 분자와의 탄성 및 각종 비탄성충돌을 통해 에너지를 잃는다. 비탄성충돌이란, 이온화, 분해, 여기, 전자 부착(electron attachment), 재결합(recombination) 등의 과정을 포함하며, 이들은 플라스마 내에 존재하는 이온 및 활성화 물질을 생성하는 주요 과정이다. 또한 벌크 플라스마 내에 존재하는 입자들은 주변의 반응관 벽으로 확산해 가면서 손실된다. 정상상태의 플라스마는 이런 일련의 과정이 균형을 이룬 상태로 외부로부터 흡수한 에너지와 손실되는 에너지가 평형을 이루며, 생성되는 입자와 없어지는 입자가 평형을 이룬 상태다.

공정용 플라스마 소스는 외부 전기장으로부터 전자가 에너지를 얻는 방식에 따라 구분하는 것이 일반적이다. 초기에 개발된 공정용 플라스마 원(plasma source)들은 두 개의 평판형 전극의 사이에 가한 직류 또는 교류 전기장을 이용해 에너지를 전달하는 CCP 형태가 주를 이루었다. 이러한 방식의 플라스마 원은 전력 전달 효율이 낮아 플라스마 밀도가 낮은 편이나 최근에는 수십 MHz 이상의 고주파를 이용하여 전력 전달 효율을 높여 어느 정도 높은 밀도의 플라스마 밀도를 갖는 장비가 개발되었다. 이 장비들은 간단한 구조로 매우 높은 균일도를 갖는 플라스마를 생성할 수 있는 장점이 있지만, 높은 플라스마 밀도를 얻기 어렵고, 전극이 플라스마와 전기적으로 연결되어 있어 기판이 전기적으로 독립되어 있지 못한 단점이 있다. ICP 타입의 플라스마는 외부의 코일에서 발생한 교류 전기장에 의해 플라스마 내에 유도전기장이 발생하여 에너지를 전달하는 방식으로 높은 에너지 전달 효율을 가져 비교적 밀도가 높은 플라스마를 형성할 수 있고, 기판이 전기적으로 독립되어 있어 기판에 도달하는 이온의 에너지를 조절할 수 있다는 장점이 있다. 이때 사용하는 교류 전기장은 13.56MHz의 RF나 수 MHz, 수백 KHz 등 다양하다. 파 가열(wave heated) 방식은 플라스마 내로 전파되는 전자기파를 흡수하여 에너지를 얻는 방식인데, 전파하는 전기장의 주파수와 자기장의 존재 여부, 플라스마 반응실의 구조, 플라스마의 밀도에 따라 다양한 흡수 방식이 존재한다. 이 플라스마 원은 매우 높은 플라스마 밀도와 전자 온도를 가질 수 있으며 기판이 전기적으로 독립적이라는 장점이 있지만, 균일도(uniformity)나 안정성 등의 측면에서는 아직 개발 단계의 플라스마라고 할 수 있다.

직류(direct current: DC) 플라스마는 강한 음 전위가 가해진 음극(cathode)과 접지 되어 있는 양극(anode, 대개 반응실의 벽)으로 구성되어 있다. 플라스마가 형성되고 나면, 등전위면을 이루는 벌크 플라스마와 강한 전기장을 갖는(potential drop 구간) 음극 암 구역(cathode dark space) 및 약한 전기장이 형성되어 있는 양극 암 구역(anode dark space)의 세 가지 전기적인 구조를 갖게 된다. 이들 암 구역(dark space)은 전자의 밀도가 매우 낮은 구간으로 시스(sheath)라고 부르기도 한다. 벌크 플라스마 영역은 플라스마 주위의 어떤 영역보다 높은 전위(plasma potential, Vp)를 갖게 되는데 이는 전자와 이온의 이동도(mobility)의 차이에 기인한다. 즉, 매우 이동도가 빠른 전자(질량이 작고 에너지가 큰 상태)는 외부로 빠져나가는 플럭스(flux)가 매우 크고 상대적으로 이동도가 매우 낮은 이온은 플럭스가 적다. 따라서 플라스마가 형성되는 초기에는 전자가 더 많이 빠져나가고 이온은 상대적으로 덜 빠져나가 플라스마와 외부 사이에 전위차가 형성되기 시작하여 정상상태에서는 동일한 양의 전자와 이온이 빠져나가게 되며 이러한 상태에서는 플라스마는 주변의 어떤 물체보다 전위가 높게 유지된다. 음극 쪽의 시스에 존재하는 전자는 강한 자기장에 의해 가속되어 큰 에너지를 얻게 되고 벌크 플라스마 방향으로 운동하게 되며, 도중에 기체 분자와 충돌하며 이 중 일부는 기체 분자를 이온화시킨다. 이때 발생한 전자와 이온은 전기장이 없는 벌크 플라스마 내에서는 무작위 운동(random motion)을 하지만, 시스 근처에 도달하면 이온은 음극 쪽으로 가속되고 전극에 충돌하여 전극 표면으로부터 2차 전자를 발생시킨다. 발생한 2차 전자는 다시 벌크 플라스마 쪽으로 가속되면서 에너지를 얻고 다시 앞의 과정들을 반복하게 된다. DC 플라스마는 전기적으로 전류가 흐르는 상태를 유지하기 때문에 전극이 반드시 도체로 이루어져야 하는 단점이 있다. DC 플라스마는 반응관 내에서의 위치마다 다른 색깔을 낸다. 보통 압력은 3×10^{-3}torr 이상, 인가 전압은 수백 볼트 이상이며, 음극을 가열하면 열전자 방출로 인하여 충분한 전자를 플라스마에 공급하게 된다.

아주 낮은 주파수의 교류(alternating current: AC) 전기를 가하면 DC 방전이 교대로 일어난다. 주파수가 증가하면, 전극 극성의 변화에 양이온이 충분히 따라가지 못하게 된다. 주파수가 더 증가하면, 전자가 반대편 전극에 도달하기 전에 전극의 극성이 바뀌어 전자는 우왕좌왕(右往左往)하다가 기체 분자와 좌충우돌(左衝右突) 충돌하게 된다. 이 과정에서 처음 반 회(one half cycle)에서 양전하가 축적되고 다음 반 회(next half cycle)에서는 전자 포격(electron bombardment)으로 중화가 일어난다. 이러한 조건의 주파수 한계가 대략 100kHz 이상이며 보통 라디오 주파수(radio frequency: RF) 영역이다. 실제로는 한쪽 전극을 접지(ground)시킨다. 교류를 쓰면 전극이 부도체인 경우도 플라스마 유지가 가능하다. 실제로 에칭(etching) 공정, 플라스마 촉진 화학증착(plasma enhanced chemical vapor deposition: PECVD) 공정 등에 광범위하게 응용된다.

RF 플라스마의 경우에는 RF 전원이 가해지는 초기에 플라스마로부터 도달하는 전자와 이온의 양의 차이에 의해서 전극에 전하가 축적된다. 전원(power supply)으로부터 큰 음 전위가 가해진 상태에서 기판에는 플라스마로부터 전자는 도달하지 못하고 양이온만이 도달하여 축적되면서 전위가 상승하기 시작한다. 이때 도달하는 양이온의 양은 양이온의 밀도(=전자밀도)와 속도의 곱에 비례한다. 다음 주기에서 전원으로부터 양의 전위가 가해지면 기판에는 양이온은 도달하지 못하고 전자만이 도달하여 축적되는데 이때 도달하는 전자의 양은 앞서 도달했던 이온에 비해 훨씬 많아서 기판 전위의 큰 감소가 일어난다. 따라서 한 주기의 RF 전위가 가해지고 나면 전체적으로는 음 전위가 기판에 쌓이게 되어 기판은 음 전위를 갖게 된다. 이러한 음 전위는 전자를 반발하는 작용을 하게 되어 어느 수준에서는 한 주기 동안 기판에 도달하는 전자와 이온의 양이 같게 될 것이다. 이때 형성된 기판의 음 전위를 직류 자가 바이어스(DC self bias)라고 한다.

전극에 전원을 연결할 경우(RF powered electrode), 직류 자가 바이어스는 전하를 축적하기 위한 축전지(capacitor)가 있어야만 생성된다. 모든 RF 전원은 축전지를 갖고 있다. 전원이 연결된 전극(powered electrode)의 면적이 접지된 전극(grounded electrode)의 면적에 비해 작을수록 큰 DC 자가 바이어스가 생성된다. 일반적으로 13.56MHz의 높은 주파수를 갖는 전기장을 가하는 경우 이동도가 큰 전자는 매 순간의 RF 전기장에 반응하여 움직이지만, 이동도가 작은 이온의 경우에는 이 주파수를 따르지 못하여 DC 자가 바이어스라는 평균적인 전위에 따라 가속된다. ICP와 파 가열(wave heated) 플라스마의 경우, 기판에 RF 바이어스를 독립적으로 가하여 기판에 DC 자가 바이어스를 형성할 수 있다.

생성된 플라스마의 진단이 중요하다. 플라스마의 특성을 이해하는 데 가장 중요한 변수로는 전자의 에너지 및 밀도 그리고 플라스마 내에 존재하는 이온과 활성화 물질의 종류 및 분포 등을 들 수 있다. 플라스마 분석장치로 질량분석기는 플라스마 내에 존재하는 이온 및 활성화 물질(radical)을 검출하는 장치이며, OES(optical emission spectrometer)는 플라스마 내에 존재하는 여기 상태의 물질이 기저 상태로 전이되면서 내는 빛을 검출함으로써 플라스마 내에 존재하는 활성화 물질을 검출하는 장치이고, 랭뮤르 검출기(Langmuir probe)는 플라스마 내에 작은 탐침을 삽입하고 이 탐침에 가하는 전압을 변화시키면서 탐침으로 흘러들어오는 전류를 측정함으로써 플라스마 내에 존재하는 전자의 밀도 및 에너지 분포를 측정할 수 있는 장치이다.

반도체 제조공정에서는 플라스마 기술이 어떤 물질을 빼는 기술 이외에 더하는 기술로도 쓰이고 있다. 즉 플라스마 기술이 빼기 기술인 드라이 에칭에 적용될 뿐 아니라, 박막 형성 기술인 스퍼터링(sputtering), 화학증착(chemical vapor deposition; CVD) 등에도 응용되고 있다. 먼저 에칭 과정에 플라스마 기술이 적용되는 예를 살펴보자. 제조 중인 실리콘 웨이퍼를 플라스마 에처(plasma etcher) 장치 안에 넣고 반응실(reactor)을 진공 펌프로 공기를 뽑아내고 적당한 가스를 반응실에 유입시키고, 웨이퍼 집게(holder)에 전원을 연결하고 적당하게 압력을 조절하면 플라스마가 형성된다. 어떤 경우는 외부에서 전자기파를 반응실에 집어넣어 플라스마를 형성한다. 플라스마에 의해 형성되는 활성화 물질(radical)들이 웨이퍼 위의 제거할 물질과 반응한다. 이 반응의 생성물은 반드시 기체여야 된다. 이 기체를 진공 펌프로 반응실 밖으로 뽑아내면 드라이 에칭이 끝난다. 예를 들어 대표적인 플라스마 에칭 기술인 PR(photo resist, 감광액)을 제거하는 기술은 반응 가스로 산소(O_2)를 쓴다. 이 과정을 일명 플라스마 애싱(plasma ashing)이라고도 부르는데, 플라스마 내에 있는 전자(e)가 산소 분자와 충돌하여 산소 활성화 물질을 만든다. 즉 $e + O_2 \rightarrow 2O^* + e$. 이 산소 활성화 원자($O^*$)가 PR(유기물)을 태워 이산화탄소($CO_2$) 혹은 일산화탄소(CO) 기체와 수증기($H_2O$)를 만든다. 이 기체들은 진공 펌프에 의해 반응실에서 빠져나간다. 비슷하게 폴리실리콘이나 이산화 규소(SiO_2) 박막을 제거하기 위해서는 4불화탄소(CF_4) 가스를 쓰는데 플라스마에 의해 불소 활성화 물질(F^*)이 생긴다. 이때의 화학반응식은 다음과 같다. $e + CF_4 \rightarrow CF_3^+ + F^* + e$. 이 활성화 물질이 웨이퍼 위의 박막과 반응하여 기체인 생성물을 만들고 진공 펌프로 밖으로 뽑아내어진다. 반응식은 각각 다음과 같다. $Si + 4F^* \rightarrow SiF_4(g)$, $SiO_2 + 4F^* \rightarrow SiF_4(g) + O_2(g)$. 알루미늄(aluminum)이나 구리(copper) 금속 박막을 제거하기 위해서는 Cl_2, BCl_3, CCl_4 등의 가스를 써서 플라스마에 의해 염소 활성화 물질(Cl^*)을 형성하게 하여 이 활성화 물질이 제거할 금속과 반응하여 $AlCl_3(g)$ 등의 가스를 만든 후에 밖으로 뽑아낸다. 각 경우에 최종 생성물이 가스가 되는 반응 가스를 사전 실험을 통하여 찾아야 한다.

여기서 활성화 물질이라고 표현하였는데, 이는 영어로 래디컬(radical)이다. 이는 플라스마 내에서 전기 형태로 공급된 에너지를 갖고 있는 전자와 이온들과 비탄성충돌을 통하여 에너지 상태가 높아진 원자들을 의미한다. 일반 원자들보다 에너지가 높아진 활성화된 원자들은 반응성이 높아 다른 원자와 훨씬 쉽게 반응한다. 래디컬(radical)은 화학용어로서, 기(基) 혹은 반응기라고 번역한다. 유리기(free radical)는 반응성이 높아 곧 다른 화학종과 반응하여 단명(短命, short-lived)하다. 수학 용어로 래디컬은 근(根, root)이라는 뜻도 있다. 사회적이나 역사적 의미로 래디컬은 '근본적인'이라는 뜻과 '급진적인', '과격한'의 뜻이 있다. 래디컬이 명사(名詞)로 쓰이면 '급진주의자', '과격파'라는 뜻이다. 래디컬은 기존 사회에 불만이 많아 사회 제도상으로 어떤 변화가 있기를 바라는 사람을 의미한다. 이들은 새로운 이론이나 술 등 약물에 의해 의식이 달라져서 과격하고 공격적인 모습을 보인다. 이 점에서 과격파는 플라스마 기술에서 말하는 활성화된 물질과 유사하다고 볼 수 있다.

앞에서 플라스마 기술은 반도체 제조공정에서 더하기 과정에도 적용하고 있다고 하였다. 즉 박막 형성 과정에 플라스마 기술을 응용하고 있다. 제조 중인 반도체 웨이퍼를 반응실에 넣고 진공 펌프로 공기를 뽑아낸 후 적절한 가스를 반응실에 불어 넣어 웨이퍼 집게(holder)에 전원을 연결하여 플라스마를 형성하면 활성화된 물질들이 반응을 일으켜 고체 생성물을 형성하여 웨이퍼 위에 떨어지면 박막이 형성된다. 이는 마치 대기 중에서 하얀 눈이 형성되어 대지 위에 떨어지는 현상과 유사하다. 이 공정을 플라스마 촉진 화학 기상 증착(plasma enhanced chemical vapor deposition: PECVD)이라고 부른다. 이 경우 반응생성물이 반드시 고체이어야 하고 적절한 속도로 반응실을 펌프로 뽑아내고 있다. 이산화실리콘(SiO_2) 박막을 형성하기 위하여 기체 상태인 SiH_4과 N_2O을 반응실에 보내고 웨이퍼 위에 플라스마를 형성하면 플라스마 하에서 전자(e)가 N_2O 분자와 비탄성충돌 하여 N_2 분자와 산소 활성화 원자인 O^*를 형성하고 이 O^*가 다음 반응을 촉진한다.

$SiH_4(g) + 4N_2O(g) \rightarrow SiO_2(s) + 4N_2O(g) + 2H_2O(g)$

이때 반응생성물 중에서 SiO_2는 고체 상태여서 웨이퍼 위에 쌓이게 되고 기체 상태인 N_2O와 수증기(H_2O)는 진공 펌프에 의해 빨려 나간다. 사전 실험을 통하여 고체 생성물을 만드는 기체 상태의 반응물을 찾아야 하고 반응실의 압력이나 펌프의 출력 등 최적의 공정 조건을 정하여야 한다. 알루미늄(Aluminum) 금속이 배선 재료로 쓰일 때, 알루미늄 박막을 형성하기 위하여 스퍼터(sputter)가 많이 쓰였다. 웨이퍼를 스퍼터 반응실에 장착한 후에 아르곤(Ar) 가스를 주입하여 플라스마를 띄우면 활성화된 Ar 원자가 알루미늄 금속 덩어리인 타깃(target)을 포격하여 알루미늄 증기(vapor)가 발생하여 반응실 공간에 떠다니게 된다. 웨이퍼 위에 안착한 알루미늄 증기가 Al 박막을 형성하게 된다.

18
새 부리와 트렌치

실리콘이 반도체 재료의 총아로 떠오르게 된 이유 중의 하나가 우수한 성질을 갖고 있는 이산화실리콘 막의 존재이다. 이 막은 MOS 트랜지스터 구조의 산화막(oxide thin film)으로서 좋은 유전체 특성을 보일 뿐 아니라 전기가 전혀 통하지 않는 좋은 절연체의 특성을 보인다. 수증기나 산소 가스의 존재 아래 실리콘 웨이퍼를 1,000℃ 이상의 고온에 장시간 유지하면 아주 쉽게 양질의 이산화실리콘 박막이 형성된다. MOS 트랜지스터가 세워져 있는 지역을 능동 지역(active region)이라고 부르는데 이 지역의 사방을 절연체로 둘러싸이게 해서 다른 능동 지역과 분리(isolation)하고 있다. 분리의 목적으로 이산화실리콘 막이 한때 유용하게 쓰였다. 이 산화막을 일명 필드 산화막(field oxide)이라고 부른다. 아마도 사병으로서 야전에서 소총수로 근무하던 젊은 병사가 제대하고 반도체 관련 연구하는 데에 들어와서 그 산화막을 그렇게 부르지 않았을까 생각한다. 야전 교본을 field manual이라고 하지 않던가?

능동 지역에 산화막이 형성하지 못하도록 적절하게 마스킹(masking)을 하여도 경계선을 타고 산화막이 성장하게 되는데, 이 부분의 단면을 SEM으로 관찰하여 사진을 찍으면 마치 무슨 예술 사진같이 보인다. 이렇게 생긴 지역을 bird's beak 혹은 '새의 부리'라고 부른다. 필드 산화막을 형성하기 위해서는 어쩔 수 없이 생기는 현상이라고 당시에는 인식되었다. 새 부리가 형성되는 지역의 산화막을 제거하기 위하여 불산 용액으로 에칭하는 등의 공정이 추가되었다. 양질의 산화막을 형성하기 위해서는 고온에 실리콘 웨이퍼를 유지하는 것이 큰 문제였다. 이 과정에서 다른 지역에 있는 불순물의 확산이 일어나서 이것을 고려하여 전체 공정도를 설계하지 않으면 안 되었다.

이러한 가운데에 불순물의 도입이 상온에서 이루어지는 이온 주입기(ion implanter)가 적용되고, 낮은 온도에서 박막을 입힐 수 있는 플라즈마 촉진 화학 기상 증착(plasma enhanced chemical vapor deposition: PECVD) 기술이 개발되었다. 또한 집적 회로의 축소화가 진행되어 능동 지역의 크기와 필드 산화막의 크기를 대폭 축소할 필요가 생겼다. 능동 지역의 사방에 참호 파듯이 실리콘 웨이퍼를 깎아내고 그 공간을 PECVD로 형성된 이산화실리콘 막으로 채우는 아이디어가 채택되었다. 사일레인(silane, SiH_4)이라는 실리콘을 포함하고 있는 기체와 산소 기체를 실리콘 웨이퍼 위에 불어 놓고 웨이퍼 집게(holder)에 전기를 통하면 플라스마가 형성되면서 반응이 일어나 공기 중에 이산화실리콘(SiO_2) 고체 입자가 형성되고 이 고체 입자들이 실리콘 웨이퍼 위에 겨울철 밤에 눈 내리듯이 쌓인다. 실리콘 웨이퍼를 PECVD 반응로에서 꺼내서 트렌치에 쌓인 이산화실리콘만 남기고 기타 지역에 쌓여 있는 이산화실리콘을 제거하면 단위 공정이 끝난다. 이 산화막을 평가하여 분리 지역의 절연 특성이 충분하다는 결과가 나왔다.

능동 지역이 들어설 지역의 사방(四方)을 파내는 작업을 트렌치(trench) 형성이라고 부른다. 이는 야전에서 한 고지를 지키기 위하여 산허리를 뱅 둘러서 병사들이 야전삽으로 참호를 파는 작업을 연상(聯想)시킨다. 지금은 전쟁에서 야전의 개념이 많이 바뀌었지만 2차에 걸친 세계대전이나 한국전쟁 시에 병사들이 참호를 파는 일이 잦았다. 능동 지역 주변에 트렌치를 파고 PECVD로 산화막을 저온에서 형성하는 공정은 일대(一隊) 파란(波瀾)을 일으켰다. 집적 회로(IC)의 집적화를 더욱 가속화하고 공정 온도를 대폭 낮추고 전후 공정을 더욱 쉽게 하는 효과를 가져왔다. 에너지가 전기로 공급되어 사용하는 전기량은 크게 줄지 않았을지라도 팹(FAB) 안의 열에너지를 상당히 줄였고 확산 공정의 역할이 대폭 감소 되었다.

이렇게 반도체 집적 회로 제조공정에 적용된 트렌치란 말이 의복 즉 패션 업계에 등장하였다. 트렌치코트(trench coat)라는 외투가 남성복뿐만 아니라 여성복의 대명사로 패션계를 휩쓴 적이 있다. 눈비 와서 추운 참호에서 지키고 있는 병사들의 군복으로 19세기에 처음 개발되고 보급되었으나 평화 시대에는 시장에서 일반인에게 풀어서 크게 유행하였다. 우리나라에서도 미군의 영향으로 육군에서는 일반 병사들에게는 '판초 우의'가 제공되지만 '간부 우의'의 형태로 트렌치코트가 제공되고 있고, 해군과 공군에서는 장병들에게 지급되는 우의가 트렌치코트의 형태라고 한다. 이러한 경향이 여성 패션계에도 영향을 주어 두툼한 모직으로 조금 칙칙한 색감에 단추 대신 막대기와 끈으로 여미는 형태의 여성복이 나왔다.

19
배선 기술

우리 일터나 집에 전기를 공급하는 전력선은 구리(copper)로 되어 있는 동선(銅線)이다. 구리가 전기저항이 작아 전기를 잘 통하고 어느 정도 강도가 있어서 끊어지지 않고 동선이 전신주에 매달려 있기 때문이다. 구리가 전기를 잘 통하려면 구리 이외에 불순물 양이 적고 압연(壓延)이나 신선(伸線) 등 가공이 적용 안 된 전기분해에 의해 정련된 것이 좋다고 한다. 산소 함량이 적은 OFC(oxygen free copper)라는 말도 있다. 전기전도성의 관점에서는 금(Au)이나 은(Ag)으로 된 도선이 동선보다 전기를 잘 통하지만, 금전적인 이유로 실용적이지 않다. 알루미늄 와이어가 동선보다 전도성이 떨어지지만, 집적 회로 제조공정 초창기에는 알루미늄 금속이 널리 쓰였다. 최초의 집적 회로 특허인 킬비(Kilby)의 특허에는 도선은 별도의 선으로 그려져 있다. 아마도 동선을 실리콘 판 위에 집어넣기가 쉽지 않았기 때문이 아닌가 생각된다. 실리콘 웨이퍼 위에 플래나(planar) 기술을 적용하여 집적 회로를 구현하려는 노이스(Noyce)의 특허에는 도선이 실리콘 웨이퍼 위에 올라가 있다.

집적 회로 구현이 가시화되면서 트랜지스터를 웨이퍼 위에 형성한 후 실리콘 웨이퍼 전체를 플라스마 기술을 이용하여 전기 절연이 잘 되는 이산화실리콘 막으로 덮은 후에 그 막 위에 에칭 공정으로 구멍을 뚫어 금속을 충전해 넣고 회로도에 의해 배선하려는 획기적인 시도가 있었는데 결과적으로 대성공을 거두었다. 구리를 실리콘 위에 심어 놓으려면 고온이 필요한데, 알루미늄의 경우 플라스마 기술의 일종인 스퍼터 기술을 활용하면 쉽게 알루미늄 박막을 형성할 수 있고 그 뒤 사진 공정과 플라스마 에칭 공정을 이용하여 쉽게 배선할 수 있다. 이러한 과정을 일명 금속화(metalization) 공정이라고 부른다.

금속과 반도체가 접촉하여 직류 전기를 통하면서 전압과 전류 곡선을 그려볼 때 전류의 방향이 양(+)이나 음(−)이나 모두 직선의 관계를 보이면 오믹 접촉(Ohmic contact)이라고 부르고, 직선 관계가 아니면 쇼트키 접촉(Schottky contact)이라고 부른다. 반도체에 전류가 제대로 흐르는데 우리가 필요한 접촉이 오믹 접촉이다. 반도체와 금속 접촉은 일반적으로 정류작용을 보이는데 이것은 쇼트키 접촉의 성질을 갖고 있기 때문이다. 특정 반도체에서 전류가 잘 흐르는 오믹 접촉을 보이는 금속을 찾는 게 중요하다. 실리콘과 텅스텐(W)이 오믹 접촉을 보인다고 알려지면서 실리콘에 텅스텐 금속을 접촉하려고 노력하였다. 이를 일명 텅스텐 플러그(plug)라고 불렀다. 타이타늄 나이트라이드(TiN)도 좋은 도체로 알려지면서 플라스마 기술로 이 물질을 증착하려고 노력하였다. 그래도 배선 재료는 한동안 알루미늄(Al) 금속이었다.

금속의 배선은 스퍼터링 기술의 발전으로 알루미늄 금속이 널리 사용되었으나, 집적화가 진행되면서 한 칩 내의 배선의 길이가 길어짐으로써 금속 내에서의 신호의 전달 지연(delay), 즉 전자의 속도가 중요한 변수가 되었다. 금속 내의 비저항의 수치가 중요한 변수가 되면서 알루미늄 대신에 구리 배선의 요구가 커졌다. 구리는 스퍼터링 방법으로 증착이나 플라스마에 의한 에칭 기술을 적용할 수 없으므로 전기도금에 의한 구리의 배선 방법이 검토되었다. 첨단의 반도체 칩을 제조하기 위하여 옛날의 기술인 구리도금 기술이 다시 소환되었다. 결국 구리 배선 기술의 개발이 성공하여 지금은 초고밀도의 반도체 칩에서는 구리 배선이 일반화되었다.

집적 회로의 집적도가 높아지면서 배선이 복잡해졌다. 그 해결책으로 금속층을 2층으로 만들고 배선하려고 하였다. 비메모리 회로를 구성할 때는 배선이 더욱 복잡하여져서 다층 구조를 검토하게 되었는데, 5층 혹은 10층 배선까지 생각하고 있다. 금속층 간의 절연을 위해서 이산화실리콘 막을 형성하는데 이를 금속 층간 절연체(inter metallic dielectric; IMD) 막이라고 부르기도 한다. 층간 절연체 막은 밑의 MOS 트랜지스터나 배선의 모양에 따라 굴곡을 가질 수밖에 없게 되는데, 이 굴곡을 줄이기 위해 낮은 온도에서 막이 잘 흐르도록 이산화실리콘에 보론(B)이나 인(P) 불순물을 첨가하기도 하고 이산화실리콘 분말을 상온에서 바르기도 하였다. 이 굴곡을 없애기 위한 공정을 플로우(flow) 공정, 혹은 평탄화(planarization) 공정이라고 불렀다.

플로우에 의한 평탄화 기술이 한계에 부딪힘으로써 새로운 방법을 모색하게 되었는데, 칩의 층간 절연체를 좀 더 두껍게 입힌 후에 실리콘 웨이퍼를 뒤집어 상온에서 평평하게 갈아버리는 기술이 개발되었다. 이것이 이른바 화학 및 기계적 평탄화(chemical mechanical planarization: CMP) 기술이다. CMP의 P를 polishing의 약자로 보기도 한다. 필자가 대학교 시절 금속공학과를 다녔는데 학부 2학년 때 금속공학실험을 수강하면 과제 중의 하나가 철강 시편을 자른 후 베이클라이트에 붙여서 물이 나오는 회전하는 판 위에서 알루미나(Al_2O_3) 가루를 뿌려가며 표면을 연마하는 게 일이었다. 철강이나 금속의 표면을 유리거울같이 반반하게 연마한 후에 특정한 화학약품을 준비하여 표면을 부식(에칭)하여 광학현미경으로 조직의 모양을 관찰하고 사진을 찍어 리포트로 제출하였다. 이와 같은 방법은 기술적인 논문 등 보고서 작성에 꼭 필요한 테크닉이었다. 요즈음은 시편 표면 연마 과정이 자동화되고 주사전자현미경(SEM)으로 금속 조직을 관찰하여 그 수고가 덜하여졌지만, 당시에는 큰일이었다. 옛날에 루우테크(low tech)였던 연마 기술이 하이테크(high tech)인 반도체 집적 회로 제조 기술에 등장하였다.

  CMP가 반도체 집적 회로 제조공정 후반에 중요한 기술로 등장하면서 이를 실현하기 위한 각종 부품과 소재를 채용한 설비가 고안되었다. 제조 중인 여러 개의 반도체 웨이퍼를 뒤집어서 패드 위에서 돌리게 되어 있는데, 이때 패드가 중요한 요소이다. 강도가 높기로 이름난 다이아몬드 가루를 박은 패드가 업계의 표준이 되었다. 연마를 돕기 위하여 화학약품을 넣은 슬러리(slurry)를 패드 위에 뿌리는데, 전통적인 알루미나 가루 대신에 세리아(CeO_2: Ceria) 가루가 채택된 슬러리가 많이 쓰인다. 연마의 종료 시점의 검출을 위하여 하이테크가 채용되어 IMD(inter metallic dielectric) 층의 두께를 정확히 맞춘다. 그 뒤에 사진 공정과 에칭 공정을 거쳐 IMD 층에 정확히 구멍을 뚫고 금속화 공정을 거치게 된다. 이때 사진 공정에서 정확한 위치에 구멍을 뚫을 수 있도록 마스크(레티클)의 초점을 맞추고, 그 뒤 금속 배선 공정에서 금속의 두께와 폭을 일정하게 조절하는 데 표면의 평단화가 매우 중요하다. 이렇듯 구리 전기분해 기술과 표면 연마 기술이 첨단 반도체 집적 회로 제조공정의 총아로 부상하게 되었다.

20 조립 기술

팹(FAB)에서 실리콘 웨이퍼 위에 MOS 트랜지스터를 형성하고 금속 배선을 완료하면, 절연체로써 칩(chip) 전체를 감싸고 나서 포토 공정과 에칭 공정을 통해 외부와 전기적으로 연결되는 패드(pad)를 만든다. 최종적으로 칩을 덮는 절연체는 보통 플라스마 촉진 화학기상증착(PECVD) 방법으로 저온에서 형성된 실리콘 질화막(silicon nitride)이다. 패드 에칭까지 마친 칩은 일단 팹에서 꺼내어(fab out), 제품 설계 과정에서 작성한 컴퓨터 프로그램으로 전기적 특성이 맞는지를 검사하게 된다. 이 과정을 웨이퍼 테스트 혹은 웨이퍼 선별 테스트(wafer sort test)라고 부른다. 이 과정에서 양품으로 판명된 칩 위에 잉크로 동그라미를 쳐둔다. 한 실리콘 웨이퍼 위에 심은 온전한 칩의 총 숫자를 분모로 한 양품 칩의 수의 비율을 웨이퍼 수율이라고 하는데 보통 팹(fab)의 능력을 평가하는 기준이 된다. 웨이퍼 선별 테스트 후에 칩 불량의 원인을 규명하기 위한 분석 즉 failure analysis를 실시한다.

웨이퍼 선별 테스트를 마친 웨이퍼는 칩과 칩을 톱으로 절단하는 과정(sawing)을 거친 뒤에 어셈블리(assembly) 혹은 패키지(package) 공정으로 들어간다. 양품이라고 표시된 칩을 광학현미경으로 사람들이 일일이 골라내야 하므로 이 공정이 노동집약적인 산업이라는 이유로 그 옛날 미국의 반도체 회사들은 태평양 건너 한국, 필리핀, 말레이시아 등에 외주를 주었다. 사람의 눈으로 양품을 구별해야 하는 공정은 오늘날 기계적 시각(machine vision) 기술이 개발되어 자동화되었다. 양품 칩을 다이(die)라고 부르는데, 양품 다이는 웨이퍼에서 픽업(pick up) 되어, 다이 본더(die bonder)라는 기계에서 금속붙이에 고정되고 와이어 본더에서 금 줄(gold wire)을 써서 패드(pad)와 패키지의 리드(lead)를 연결한다. 그리고 패키지 본체는 봉지재(封持材)라고 불리는 고분자 물질에 싸이게 된다. 한때 이 고분자 화합물의 공급이 원활하지 않아 반도체 업계가 고생한 적이 있다. 패키지의 형상도 변화가 있었다. 핀 수가 적을 때는 SIP(single in-line package) 형상으로 충분하였으나 I/O(input/output) 핀 수가 늘어나면서 DIP(double in-line package)가 대세가 되기도 하였다. 여기서 인라인(in-line)은 얼음 위가 아닌 맨땅에서

타는 인 라인 스케이트(in-line skate)라는 말에서 보이는 단어와 같다. 스케이트에서 바퀴가 한 줄로 있듯이 반도체 패키지의 핀이 일렬(一列)로 있다는 점에서 같은 말을 쓰고 있는 것 같다. 그 뒤에 비메모리 반도체의 경우 핀 수가 엄청나게 늘어나 핀 수가 많은 세라믹 패키지가 개발되기도 하고, 볼 모양 등 여러 가지 특수한 패키지가 소개되기도 하였다. 패키지가 끝난 반도체 칩은 최종 테스트(final test)를 거쳐 양품이 고객에게 인계된다.

고객에게 인계되기 직전에 반도체 칩은 그 겉면에 그 제품의 회사 이름과 로고 그리고 제품명 등이 새겨진다. 옛날에는 도장으로 인쇄하였으나, 레이저 마커(laser marker) 기술이 개발된 뒤로는 글씨나 도면의 모양을 일일이 레이저로 쓰고 있다. 완전한 기계 자동화가 실현되었다. 그 반도체 칩을 인수한 고객은 최종 전자 제품에 그 칩을 적용하게 되는데, 보통 PCB(printed circuit board) 제조업체를 거친다. 보통 전자 제품의 PCB에 장착되는 반도체 칩의 집적으로 PCB의 크기가 대폭 줄어들었어도, 컴퓨터나 게임기 등 최종 제품에 반도체 칩을 제대로 적용하기 위해서 결코 PCB를 이용하는 일은 줄어들지 않고 있다. PCB 제조에 적용되는 기술은 반도체 칩 제조에 드는 공정에 비하면 쉽고 간단하지만, 다층 배선 기술이나 범프(bump) 제조 기술은 나름대로 특장이 존재한다.

PCB는 반도체 제작 공정에서도 없어서는 안 되는 물건이다. 실리콘 웨이퍼 제작이 끝나면, 양품인지 테스트를 거치는데. 이때 푸로브 카드(probe card)라는 PCB를 준비해야 한다. 패키지가 끝난 후 최종 테스트를 위해서는 DUT(Device Under Test) 보드(board)라는 PCB 카드를 준비해야 한다. 또한 패키지 이후 제품의 신뢰성을 높이기 위하여 여러 가지 품질보증시험을 실시하는데, 이때 대표적으로 IM(Infant Mortality) test라고 초기 불량 제품을 걸러내고 85-85 test라고 85%의 습도 아래에서 85℃의 온도까지 올리는 과정에서 제품이 온전해야 하고, 수백 시간의 동안에도 제품의 성능이 변함없어야 한다. 이때 사용하는 PCB를 번인 보드(burn-in board)라고 부른다. 신뢰성 시험 과정 중에 성능 테스트를 효율적으로 실시하기 위하여 번인 보드 제작에 나름대로 여러 가지 기술이 동원된다.

끝내면서

반도체 산업은 우리의 기준으로 볼 때 환갑 정도의 역사를 지니고 있다. 이 과정에서 반도체 산업은 인류의 산업구조를 크게 바꿔놓았고, 오늘날에는 인공지능이라는 말이 나올 정도로 생각의 세계까지도 획기적으로 새롭게 하고 있다. 반도체 산업에서는 제품의 수율이 관련 기업의 경쟁력의 지표인데, 보통 수율은 실리콘 웨이퍼 하나에서 나오는 칩의 전체 숫자와 양품 칩 숫자의 비율로 일정 기간에 걸쳐 제품별 평균치로 나타낸다. 이 수율은 웨이퍼 팹의 제조 능력을 나타내는 지표로 팹의 결함밀도(defect density)의 감소와 칩 내의 트랜지스터 크기의 축소로 결정되고 있다. 한편 실리콘 웨이퍼 크기는 그 구경이 초기의 50mm에서 300mm로 커졌다. 반도체 산업은 회사 간에 지속적인 축소화 경쟁을 경험해 왔는데, 회로설계 자동화와 제조공정 기술의 발전으로 그것의 실현이 가능하였다. 이를 위해 지속적인 제조 장비와 공정 기술의 개발과 투자가 필요하였다. 한때 반도체 산업의 학습곡선(learning curve)이라는 말이 유행했는데, 반도체 칩의 제품 생산량이 두 배로 늘면 생산비용이 1/3로 감소한다고 믿어 왔다. 반도체 산업은 설비와 장비의 투자비가 매우 큰 대표적인 장치산업이다. 그 결과 진입 장벽이 아주 높아 신규 회사가 이 사업에 뛰어들기가 쉽지 않다. 새로운 기술 세대에 맞는 반도체 제조 장비를 새롭게 개발하고 공급하는 회사가 미치는 영향이 아주 높다.

반도체 사업에는 사이클(cycle)이 있다. 각 제품의 세대별로 호황이 몇 년간 지속되다가 가격이 폭락하는 시기가 오게 된다. 옛날에는 통상 4~5년 주기로 불황이 나타난다고 했는데 최근에는 그 주기가 훨씬 당겨지고 있다. 보통 올림픽 대회가 개최되는 해가 호황기를 이룬다고 한다. 대표적인 호황기를 보면 1976년 오디오 붐, 1980년대의 VCR(Video Cassette Recorder) 및 OA(Office Automation) 붐, 1988년의 PC(Personal Computer) 붐, 1994년도의 멀티미디어(Multimedia) 붐, 1999년도의 Y2K와 통신 붐이 일어났다. 2000년대 들어서는 휴대전화, 게임기 붐 등이 반도체 경기 사이클을 선도하였다. 주기적 경기 변동의 원인으로 대략 4년마다 새로운 차세대 반도체 제품이 개발되고, 팹 건설이나 장비 투자도 4년 주기로 이행되고, 투자에서 양산까지 3~4년이 소요된다. 투자액이 커서 중간에 중단하기가 쉽지 않고, 여러 업체가 동시에 투자에 착수하나 선두 업체만이 제대로 투자금을 회수하고 나머지 업체는 시장에서 반도체 제품을 투매할 수밖에 없다. 우리나라의 일부 업체가 이 경쟁에서 살아남아 대한민국이 반도체 강국으로 우뚝 서게 되었다.

이렇게 반도체 산업이 발달하면서 업계는 심각한 산업구조의 변화를 경험하게 되었다. 초창기에는 반도체의 재료부터 제품 기획과 개발에 이르는 모든 일을 한 회사가 담당하고 제품을 시장에 내놓았는데 이 과정의 일부를 처음에는 외주를 주다가 나중에는 중간 제품으로 구입하는 형태로 바뀌었다. 반도체 제조에 들어가는 과정 대부분을 스스로 전담하는 회사를 종합반도체회사(Integrated Device Manufacturer: IDM)라고 부르는데 대부분의 한국이나 일본의 반도체 회사들이 이런 형태로 반도체 사업을 영위하여 오고 있다. 미국에서는 종합반도체회사는 비록 패키지 공정은 태평양 건너 아시아 지역으로 외주를 주더라고 반도체 집적 회로 제품의 기획과 설계와 실리콘 제조와 판매에 이르는 전 과정을 직접 간여하고 있다. 종합반도체회사는 필요한 지적재산권(Intellectual Property: IP)까지 직접 챙겨야 정통적인 반도체 사업을 영위한다고 업계에서 생각해 왔다. 초창기의 반도체 집적 회로를 제조하는 벤처회사들은 이러한 비전을 갖고 있었다. 초기에는 실리콘 웨이퍼의 성장과 준비까지도 종합반도체회사가 담당했으나 곧 전문적인 실리콘 웨이퍼 제조 회사가 생기면서 종합반도체회사는 실리콘 웨이퍼를 구매하여 사용하였다. 초기에는 반도체 회로를 직접 설계하고 그 정보를 마스크의 형태로 제작하여 실리콘 팹에 넘겨주었으나, 그 일은 전문적인 사내 마스크 숍(mask shop)이나 외부 마스크 제작업체가 담당하게 되었다. 반도체의 성능 향상으로 컴퓨터의 성능이 좋아지면서 그 혜택을 반도체 업계가 보게 되었다. 즉 CAD(Computer Aided Design) 소프트웨어의 발달로 전자회로의 설계가 자동화되고 그 결과물인 데이터베이스(data base: DB)의 저장이 간단하게 가능하여졌다. 그렇게 됨으로써 설계 자동화 전문회사가 생겨났다.

이러한 변화로 반도체 업계는 실리콘 집적 회로를 제작하는 공장이 중요하다고 생각되었다. 경쟁력 있는 반도체 회사라면 이런 시설을 반드시 갖추고 있어야 되는 줄로 알았다. 그 시설 이름이 일본 사람들은 한때 확산공장(擴散工場)이라 불렀고 영어권에서는 팹(FAB)이라고 불렀다. FAB이란 말은 영어 Fabrication의 준말이다. 설계 엔지니어는 자기가 설계하는 반도체 집적 회로를 생산할 팹이 가지고 있는 공정 능력에 맞게 설계하고 그 결과물을 마스크 혹은 레티클의 형태로 제공하고 팹의 소자 엔지니어(Device Engineer)와 긴밀하게 연락하면 되었다. 공정 엔지니어(Process Engineer)는 팹의 공정 능력을 향상하기 위한 노력에 전념하면 되었다. 공정 능력의 향상을 위해서는 공정의 자동화가 큰일을 하게 되었다. 이 과정에서 실리콘 집적 회로의 제작을 위해서 전문 제조 장치가 개발되었다. 처음에는 반도체 제조용 장치의 제작은 FAB의 공정 엔지니어의 필요로 이루어졌다. 시간이 흐르면서 제조용 장치의 외주화가 이루어졌고 전문 장치 제작회사가 생겨났다. 이러한 장치 전문 회사의 출현은 FAB에 필요한 재료의 외주화가 촉진하였다. 오늘날 유명한 제조 장치 제작회사의 이름에 M이 있는데 재료를 의미하는 Material을 회사 창립 초창기에 사명의 일부로 채택했기 때문이다. 전문 제작회사의 출현으로 제조 능력이 고도화되면서 장비 가격이 상승하고 공정 엔지니어의 소속이 기존의 FAB에서 이들 제작회사로 바뀌게 되었다. 반도체 사업을 영위하기 위해서 이러한 팹을 건설하고 필요한 제조 장치를 갖추기 위해서는 막대한 자금이 소요되었다. 반도체 팹에 전문적으로 재료나 제조 장치를 공급하는 회사들이 SEMI(Semiconductor Equipment and Materials Industry)라는 단체를 결성하여 실리콘 밸리가 있는 미국의 서부와 동부, 남부에서 SEMICON이라는 전시회를 열어 반도체 산업의 발전 동향을 기술자와 일반인들에게 소개하여 오고 있다. 반도체 산업이 유럽 지역은 물론 일본, 한국, 중국 지역으로 전파됨에 따라 이 전시회도 현지에서 열리고 있다.

이렇게 반도체 산업의 생태계가 바뀌니까 하나의 새로운 팹을 건설하고 운영하는 데에 큰 부담이 생겼다. 미국의 큰 회사들이 팹 없이 반도체 사업을 영위하기 시작하였다. 이런 회사를 팹리스 회사(Fabless Company)라고 부른다. 이러한 반도체 업계의 변화를 감지하고 움직인 회사가 대만의 TSMC(Taiwan Semiconductor Manufacturing Company)이다. 50여 년 전 당시 미국의 한 종합반도체회사에서 기술을 총괄하던 TSMC의 창업자는 대만으로 돌아와서 파운드리(Foundry) 전문회사를 설립하였다. 원래 foundry는 '주조'라는 금속 분야의 제조 용어이다. 기계나 생활용품 제작자가 제품 디자인과 기술 사양만 제공하면 금속 제조업자가 알아서 제품을 제조하여 납품한다. 이같이 첨단의 반도체 집적 회로의 제조도 제품 설계 엔지니어가 공장의 소자 엔지니어와 기술 회의를 통하여 공정 기술을 이해하고 적절하게 마스크를 제작하여 제공하면 원하는 집적 회로 제품을 얻을 수 있다는 뜻으로 반도체 제조 기술이 별거 아니라는 의미로 foundry라는 말을 썼다. 반도체 칩 위탁 제조라는 의미인데 우리말로는 그냥 파운드리라고 부른다. 새로 반도체 집적 회로 제품을 기획하는 회사는 자금이 없으니까 팹리스 회사로 시작하고, 기존에 팹을 가지고 있던 종합반도체회사도 새로운 세대의 집적 회로를 개발하고 생산하기 위해서는 많은 자금이 소요되어 어쩔 수 없이 팹리스 회사가 되어 갔다. 실리콘밸리 초창기에 설립되고 CPU(Computer Processing Unit) 칩의 개발과 생산 및 판매로 인텔과 경쟁하던 AMD(Advanced Micro Devices)의 창업자이자 CEO였던 제리 샌더스(W. Jeremiah Sanders Ⅲ, 1936~)는 AMD가 fabless 회사가 되기를 선언하고 가지고 있던 집적 회로 제조시설 매각에 중동의 갑부를 끌어들이기 위해 언론에 '진짜 사나이는 팹을 가지고 있다(Real men have fabs)'라는 말을 한 적이 있다. 결국 중동의 갑부는 그 시설들을 인수하여 Global Foundries라는 회사를 설립하고 새로운 공정 기술을 개발하고 수주 영업을 벌였으나 TSMC

나 삼성전자 등 아시아 지역의 다른 파운드리 회사와의 경쟁에서 밀리고 말았다. 샌더스의 이런 모순된 언행에 대하여 뒤에 AMD의 CEO가 된 리사 수(Lisa Su, 1969~)가 여성임을 빗대어 후세의 호사가들은 '진짜 여성은 팹이 필요하지 않다(Real women don't need fabs!)'라는 말을 했다고 한다.

일본이나 한국의 반도체 회사들은 제품의 설계부터 팹, 테스트, 패키지 등을 모두 실행하는 명실상부한 종합반도체회사(IDM)이다. 미국의 회사 중에서 인텔과 마이크론 등이 종합반도체회사로 남아 있으나 최근에 인텔이 이를 포기하는 것을 검토한다는 발표가 있었다. 1970년대까지는 세계 반도체 매출을 초창기의 미국 종합반도체회사들이 주도하였다. 1980년대에 일본의 회사들이 메모리 반도체 제품을 앞세워 세계 반도체 매출을 선도하였으나 미일 반도체 분쟁으로 일본이 탈락하고 메모리 반도체 제품의 제조와 매출을 대한민국이 주도하였다. 메모리 시장의 생태계가 바뀌면서 낸드 플래시 메모리 등 저가의 새로운 메모리 반도체 제품이 출현하였다. 메모리 제품에서 철수한 미국의 벤처 기업이었던 인텔은 CPU(Central Processing Unit) 시장에 전념하여 새로운 PC(Personal Computer) 시장과 휴대전화 시장의 팽창을 선도하여 세계 반도체 매출 1위 기업으로 한동안 자리매김하였다. 그러나 게임시장을 필두로 컴퓨터와 휴대전화 산업이 발달함에 따라 큰 메모리 용량에 연산속도가 중요한 GPU(Graphics Process Unit) 시대가 도래하면서 인텔이 밀리고 새롭게 AMD와 NVIDIA 등 팹리스 회사들이 득세하였다. 일개 팹리스 회사들 제품의 팹 제조 비용의 액수는 크지 않더라도, 많은 팹리스 회사로부터 위탁을 받은 TSMC의 반도체 매출이 세계 1위를 넘보고 있다. TSMC는 팹리스 회사의 담당 엔지니어들에게 당신의 제품 디자인에 관심이 없다고 안심시키고 자기의 소자 엔지니어와의 기술 미팅을 중요시하며 제때제때 기술적 난관을 해결해 주어서 이들 회사로부터 많은 반도체 제조 물량을 수주할 수 있었다. 이런 점에서 파운드리 사업마저 영위하려는 삼성전자와 같은 일부 종합반도체회사의 파운드리 매출량을 능가할 수 있었다.

일본이나 한국이 메모리 관련 설계 기술이나 제조 기술이 우수해도 비메모리 반도체 분야에는 취약하다는 지적에 일부 종합반도체 회사에서는 비메모리 분야 반도체 개발에 노력하여 일부 성공하였다. 그래서 나온 말이 시스템 반도체 혹은 시스템 집적 회로(System IC)이다. 하나의 System IC 안에는 메모리, I/O(Input/Output), 커스텀 로직(Custom Logic), 응용 마이크로프로세서(Application Microprocessor), 디지털 신호처리(Digital Signal Processor: DSP), 디지털-아날로그 혼합 신호처리 등 여러 가지 기능이 들어간다. 이를 위해서는 팹에서 필요한 제조 기술을 갖추고 있어야 하고, 필요한 설계 기구(tool)가 자체적으로 육성되어 있거나 외부로부터 도입하여 갖추어져 있어야 한다. 또한 필요한 지적재산권(IP)을 다른 회사에서 도입하고 필요한 내장 소프트웨어(embedded software)를 개발하여야 한다.

빠른 연산속도를 위해 GPU 업계가 해결해야 할 과제로 HBM(High Bandwidth Memory) 반도체를 개발하였다. HBM는 데이터가 오고 가는 대역의 폭이 커서 연산속도가 빠르다고 한다. 메모리 반도체 칩을 적층하여 통신하도록 하는 구조로 패키지 기술과 팹 기술의 융합으로 HBM의 구현이 가능하다. GPU를 중심으로 HBM을 PCB(Printed Circuit Board)에 배열함으로써 해당 카드의 연산속도를 빠르게 한다. 결국 HBM의 개발은 패키지 기술을 가지고 있는 종합반도체회사가 유리할 수밖에 없다. 대한민국의 반도체 산업은 미국 회사로부터 반도체 패키지 제조의 수탁으로부터 시작되었는데 웨이퍼 팹이 반도체 제조의 중심이 되어도 패키지 담당 조직을 끝까지 유지하고 새로운 세대의 기술자를 양성한 회사가 장점을 가지고 HBM 개발에 성공할 수 있었다. 초기에는 게임기 물량이 적어 크게 환영을 받지 못하였으나 최근에는 생성형 인공지능(Artificial Intelligence: AI)의 발전으로 인하여 HBM 수요가 폭발적으로 증가하고 있다.

최근에는 팹리스를 넘어 칩리스(Chipless) 회사라는 말도 쓰이고 있다. 반도체 칩을 직접 설계하거나 제조하지 않고 필요한 특허 등 기술에 관한 지적재산권(IP)을 허여하는 대가로 수입을 올리는 사업 모델을 말한다. 회사의 매출 규모는 크지 않지만, 수익성은 꽤 좋다고 알려져 있다. 이렇듯 세월이 지나면서 반도체 산업의 구조가 변화하고, 산업의 규모가 커지면서 이런 생태계를 표현하기 위하여 가치 사슬(value chain) 혹은 세계적인 공급망(global supply chain)이라는 용어가 등장하였다. 바야흐로 반도체 산업의 춘추전국시대가 도래하였다. 반도체 기술을 앞세운 중국의 거센 경제적인 도전에 직면하여 반도체 산업의 종주국임을 자처하는 미국이 관련 제조업을 나라 밖으로 내보내던 관례를 깨고 다시 미국 국내로 불러들이는 관계 법령을 만들고 이에 호응하는 동맹국의 회사들에 보조금을 부여하는 등의 정책을 쓰면서 새로운 세계 패권을 계획하고 있다.